哈尔滨理工大学制造科学与技术系列专著

刀具介观几何特征对钛合金切削性能影响研究

杨树财 著

科 学 出 版 社
北 京

内 容 简 介

本书针对钛合金加工中存在工件表面质量差、刀具磨损严重等问题，考虑介观几何特征对刀具磨损、工件表面完整性及热-力耦合行为的影响，运用理论分析、仿真建模、试验等手段，从介观几何特征的制备入手，深入研究了刃口与微织构在切削钛合金过程中对刀具磨损、工件表面完整性及热力耦合行为的影响规律，并以此优化了介观几何特征参数，为实现钛合金高效加工及刀具优化设计提供了基础。

本书可供从事航空航天钛合金零部件高质量加工、刀具刃口结构优化设计、新型刀具设计及介观几何特征作用机理等相关领域教学、科研与开发的相关人员阅读。

图书在版编目（CIP）数据

刀具介观几何特征对钛合金切削性能影响研究/杨树财著. —北京：科学出版社，2017.11

（哈尔滨理工大学制造科学与技术系列专著）

ISBN 978-7-03-054518-3

Ⅰ.①刀… Ⅱ.①杨… Ⅲ.①刀具（金属切削）-几何造型-影响-钛合金-金属切削-研究　Ⅳ.①TG7②TG146.23

中国版本图书馆 CIP 数据核字（2017）第 227089 号

责任编辑：裴　育　陈　婕　赵晓延 / 责任校对：桂伟利
责任印制：张　伟 / 封面设计：蓝　正

科 学 出 版 社 出版
北京东黄城根北街16号
邮政编码：100717
http://www.sciencep.com

北京凌奇印刷有限责任公司 印刷
科学出版社发行　各地新华书店经销
＊

2017年11月第 一 版　　开本：720×1000 B5
2021年 4 月第三次印刷　印张：15 1/2
字数：312 000
定价：108.00 元

（如有印装质量问题，我社负责调换）

前　言

随着《中国制造 2025》的发布,航空航天领域的重点发展得到了空前的重视。实现航空航天装备的智能制造,必须要依托航空航天材料的加工。钛合金以其优良的特性广泛应用于航空航天关键件的加工中。钛合金属于典型的难加工材料,其较高的化学活性导致在加工过程中刀具表面黏结现象严重,刀具磨损较快。因此,在钛合金高效加工中,如何减少刀具磨损、改善钛合金的切削加工性能、获得较好的工件表面质量,成为现代制造业亟待解决的问题。

近年来,摩擦学领域提出了表面微织构技术。大量研究发现,微织构表面具有减摩抗磨作用,这给金属切削加工领域中刀具抗磨性研究带来了新的方向。同时,刀具刃口特征的设计对切屑形态、切屑形状以及切削过程中的力热特性都有重要影响,特别是在精密切削时,刀具刃口在一定程度上决定着切屑的形成过程。因此,对刀具刃口特征及表面微织构的研究,成为减缓刀具磨损、提高刀具切削加工性能的主要途径。

本书旨在理论建模、仿真分析及试验的基础上,以刀具介观几何特征(切削刃、表面织构)为切入点,详细阐述刀具微织构制备过程,系统研究介观几何特征对切削过程中力热特性、刀具磨损、工件表面完整性的影响规律,以此优化刀具介观几何特征参数,揭示刀具介观几何特征的减摩抗磨机理,为实现钛合金高效高质量加工提供理论依据,同时对刀具结构的优化设计提供支撑。全书共 7 章,主要内容包括:绪论;精密切削钛合金刀具刃口作用机理;微织构激光制备及其对刀具性能影响;表面微织构减摩抗磨性能;微织构刀具切削过程热-力耦合行为;高速切削钛合金表面完整性;刀具介观几何特征优化等。

本书系统研究了刀具介观几何特征对钛合金切削性能的影响,除第 1 章外,其余章节均由理论建模及分析、仿真及试验研究等部分构成。本书理论研究完备,论述详尽,通过理论、仿真及试验相结合的方式,使研究内容易于理解,应用性强。本书所研究的内容已应用于实际加工中,并且得到了较好的工件表面质量及较高的加工效率。另外,书中尽量吸收了当前有关介观几何特征的最新研究内容及相关技术,使得本书内容较新颖,具有较好的应用价值和参考价值。

本书的研究工作得到了国家自然科学基金项目(51375126)的支持,特此对参与项目的单位和个人表示衷心的感谢。同时,感谢哈尔滨理工大学"高效切削及刀具"国家地方联合工程实验室的同事和研究生为本书的前期筹备收集、整理了大量的资料。此外，本书部分内容参考了相关单位和个人的研究成果，在此也一并致谢。

由于介观几何特征的研究起步尚早，研究内容涉及的范围广，作者水平有限，书中难免出现不足之处，敬请广大读者提出宝贵意见。

杨树财

2017 年 8 月

目 录

前言
第1章 绪论···1
  1.1 钛合金高速铣削加工技术···1
    1.1.1 钛合金的切削加工特点···1
    1.1.2 钛合金加工中存在的问题···3
    1.1.3 刀具表面介观几何特征···5
  1.2 刀具刃口对钛合金切削过程影响规律研究现状·································6
    1.2.1 刀具刃口特征对切削加工的影响研究现状·····························7
    1.2.2 不同刃口形式对切削加工的影响研究现状·····························8
    1.2.3 刃口作用下的尺寸效应对切削加工的影响研究现状················10
  1.3 微织构刀具研究现状···10
    1.3.1 表面微织构技术概述及研究现状···11
    1.3.2 微织构刀具切削加工性能研究现状······································12
  1.4 高速切削钛合金刀具摩擦磨损特性研究现状··································13
  1.5 钛合金切削过程热-力耦合行为研究方法·······································14
    1.5.1 钛合金切削过程切削力的研究现状······································15
    1.5.2 钛合金切削过程切削温度的研究现状··································16
  1.6 高速切削钛合金表面完整性研究现状··17
    1.6.1 表面粗糙度研究现状··18
    1.6.2 表面加工硬化研究现状··18
    1.6.3 表面残余应力研究现状··19
  1.7 本章小结··20
  参考文献···20
第2章 精密切削钛合金刀具刃口作用机理······································26
  2.1 钛合金切削刀具刃口性能评价··26
    2.1.1 试验条件··26
    2.1.2 试验方法··27
  2.2 刀具刃口对钛合金精密切削切屑形成过程影响······························28
    2.2.1 钛合金切削切屑形状··28

2.2.2　钛合金切削切屑微观形态与几何特征分析……………………29
　　　2.2.3　同类型刃口对切削钛合金切屑形成过程分析………………34
　2.3　精密切削钛合金刃口作用力学特性研究………………………………43
　　　2.3.1　精密切削钛合金刃口作用切削力模型………………………44
　　　2.3.2　考虑刃口作用的钛合金精密切削有限元分析………………50
　　　2.3.3　精密切削钛合金力学特性试验研究……………………………53
　2.4　精密切削钛合金刀具刃口刃形保持性研究……………………………54
　　　2.4.1　刀具材料优选……………………………………………………54
　　　2.4.2　刀具刃口刃形优选………………………………………………61
　2.5　刀具刃口作用下钛合金精密切削加工典型应用………………………63
　　　2.5.1　考虑刃口作用的钛合金精密切削极限切削深度……………64
　　　2.5.2　钛合金精密切削最小切削深度试验……………………………67
　　　2.5.3　刃口作用下钛合金膜盘精密加工………………………………69
　2.6　本章小结……………………………………………………………………72
　参考文献…………………………………………………………………………72
第3章　微织构激光制备及其对刀具性能的影响……………………………73
　3.1　微织构几何形状对刀具结构强度的影响………………………………73
　3.2　激光蚀除材料机理…………………………………………………………77
　　　3.2.1　激光加工技术……………………………………………………78
　　　3.2.2　激光表面强化……………………………………………………78
　　　3.2.3　激光蚀除机理……………………………………………………81
　3.3　微织构刀具激光制备………………………………………………………82
　　　3.3.1　微织构激光制备…………………………………………………82
　　　3.3.2　微织构加工稳定性………………………………………………84
　　　3.3.3　激光加工工艺参数对微织构质量影响…………………………85
　3.4　激光烧蚀对刀具基体材料组织性能影响………………………………91
　　　3.4.1　基体材料颗粒细化………………………………………………91
　　　3.4.2　微织构表面元素测量……………………………………………91
　　　3.4.3　基体材料显微硬度变化…………………………………………94
　3.5　微织构刀具切削试验………………………………………………………96
　　　3.5.1　方案设计…………………………………………………………96
　　　3.5.2　切削力试验结果分析……………………………………………97
　　　3.5.3　磨损形貌测量分析………………………………………………98
　3.6　本章小结……………………………………………………………………102

参考文献 ··· 102
第4章 表面微织构减摩抗磨性能 ·· 105
4.1 微织构摩擦磨损过程仿真分析 ·· 105
4.1.1 摩擦磨损有限元模型的建立 ·· 105
4.1.2 边界条件与载荷 ··· 105
4.1.3 不同形状微织构表面接触应力分析 ································· 107
4.1.4 光滑摩擦副和微坑织构摩擦副摩擦过程应力分析 ····················· 108
4.2 硬质合金刀具材料摩擦磨损试验 ······································ 109
4.2.1 摩擦磨损试验原理和方法 ·· 109
4.2.2 硬质合金微织构表面摩擦性能试验研究 ······························ 111
4.2.3 硬质合金微织构表面干摩擦性能分析 ································ 114
4.2.4 表面微坑织构参数对摩擦系数影响 ·································· 116
4.3 微织构表面磨损形貌分析 ··· 118
4.3.1 盘试件磨损形貌分析 ·· 118
4.3.2 球试件磨损形貌分析 ·· 121
4.4 微坑织构减摩抗磨性能分析 ··· 124
4.5 硬质合金球头铣刀微织构参数优化 ····································· 127
4.5.1 硬质合金球头铣刀微织构参数优化模型建立 ·························· 127
4.5.2 微织构参数优化 ·· 128
4.6 本章小结 ·· 129
参考文献 ··· 129

第5章 微织构刀具切削过程热-力耦合行为 ··································· 131
5.1 微织构硬质合金球头铣刀铣削钛合金试验 ································· 131
5.1.1 微织构激光制备 ·· 131
5.1.2 铣削钛合金试验 ·· 137
5.1.3 试验结果分析 ·· 141
5.2 微织构硬质合金球头铣刀应力场研究 ···································· 146
5.2.1 铣削力模型 ·· 146
5.2.2 刀-屑接触面积试验式 ·· 148
5.2.3 受力密度函数数学模型 ·· 149
5.2.4 应力场仿真分析 ·· 152
5.3 微织构球头铣刀铣削钛合金温度场研究 ·································· 156
5.3.1 热源分析 ·· 156
5.3.2 热流密度函数 ·· 157

5.3.3　微织构球头铣削钛合金铣刀温度场模型 162
　　5.3.4　微织构球头铣刀温度场的有限元仿真 168
5.4　微织构球头铣刀热-力耦合有限元仿真研究 172
　　5.4.1　刀具热应力仿真 173
　　5.4.2　微织构球头铣刀热-力耦合仿真 175
　　5.4.3　仿真结果分析 176
5.5　本章小结 178
参考文献 178

第6章　高速切削钛合金表面完整性 181
6.1　表面完整性概述 181
　　6.1.1　表面完整性概念及内涵 181
　　6.1.2　已加工表面完整性形成过程 182
　　6.1.3　影响表面完整性的因素 183
　　6.1.4　表面完整性对零件使用性能的影响 183
6.2　微织构刀具切削钛合金表面粗糙度测试 184
　　6.2.1　切削表面粗糙度正交试验 184
　　6.2.2　切削表面粗糙度正交试验数据分析 185
　　6.2.3　微织构刀具切削表面粗糙度影响规律 186
6.3　微织构刀具切削钛合金表面加工硬化测试 189
　　6.3.1　加工硬化评价标准及测试方法 189
　　6.3.2　切削表面加工硬化测试结果 191
　　6.3.3　微织构刀具切削表面加工硬化影响规律 192
6.4　微织构刀具切削钛合金表面残余应力测试 195
　　6.4.1　切削表面残余应力产生的原因 195
　　6.4.2　切削表面残余应力测试结果 196
　　6.4.3　微织构刀具切削表面残余应力影响规律 199
6.5　已加工表面变质层分析 203
　　6.5.1　已加工表面变质层显微组织分析 203
　　6.5.2　已加工表面变质层能谱分析 204
6.6　本章小结 205
参考文献 206

第7章　刀具介观几何特征优化 209
7.1　刀具介观几何特征优化方法 209
　　7.1.1　遗传算法 209

7.1.2 神经网络···211
7.1.3 回归分析···215
7.1.4 多目标优化··218
7.2 表面完整性预测模型···219
7.2.1 表面完整性模型的建立··219
7.2.2 回归模型的显著性检验··221
7.3 微织构刀具磨损预测模型···223
7.3.1 刀具磨损模型的建立··223
7.3.2 回归模型的显著性检验··224
7.4 微织构刀具参数优化···226
7.4.1 设计变量···226
7.4.2 目标函数···226
7.4.3 微织构参数多目标优化结果···227
7.4.4 优化结果的试验验证··232
7.5 本章小结···233
参考文献···233

第 1 章 绪　　论

本章对高速切削钛合金理论与方法的发展现状进行阐述，主要针对钛合金的切削加工特点、特性及钛合金加工中存在的问题进行分析，并从刀具介观几何特征入手解决以上问题；分别从刀具刃口特征、刃口形式、刃口作用下的尺寸效应、表面微织构技术、微织构刀具的切削加工性能、高速切削钛合金刀具摩擦磨损特性、工件表面粗糙度、表面加工硬化、表面残余应力、钛合金切削过程热-力耦合行为等方面进行刀具刃口对钛合金切削过程影响规律、切削加工性能、表面完整性等研究现状的分析，为微织构球头铣刀铣削钛合金的切削性能研究提供重要的理论依据。

1.1 钛合金高速铣削加工技术

在当今科技飞速发展的时代环境下，各国面临新一轮科技革命和产业变革，美国、德国等制造强国纷纷提出了制造业升级的思路和规划。对此，中国发布了《中国制造 2025》，其中智能制造是主攻方向，是未来制造业发展的重大趋势和核心内容，也是我国制造业由大变强的根本路径。在众多领域中，航空航天是智能制造的重点发展领域，要实现航空航天装备的智能制造，必须要依托航空材料的加工。

钛合金呈银灰色，化学性质极其活泼。由于钛合金有重量轻、比强度高、塑性好、耐腐蚀性好等众多优良特性而被广泛用于制造军用飞机机身、航空发动机、液压系统、飞机起落架等关键结构的零部件，并且其使用比重正在逐年增长。据统计，航空航天方面应用的材料 70% 以上都是钛合金。

高速切削是一个复杂的系统工程，涉及机床、刀具、工件、加工工艺过程参数及切削机理等诸多方面。高速切削的核心是有很高的切削速度，其最突出的优点是：有较高的生产效率、加工精度与表面质量，并能降低生产成本。高速铣削是指主轴转速高于 15000r/min 的高速切削加工。

1.1.1 钛合金的切削加工特点

1. 钛合金的主要物理力学性能

钛合金的主要物理力学性能为：熔点高，可达到 (1668 ± 10)℃；导热系数低，为 $8.79\sim12.58$W/(m·℃)，传热性能较差，在切削加工中切削热易集中；比热容小，为545~586J/(kg·℃)；线膨胀系数低，为8.5×10^{-6}/℃；密度小，工业纯钛密度为(4.507 ± 0.005)g/cm^3；强度高，工业纯钛的抗拉强度为264.6~617.4MPa，钛合金的抗拉强度为686~1176MPa，最高达1764MPa；硬度较高，工业纯钛的硬度为HB200~295，钛合金（退火）的硬度为HRC32~38；弹性模量低，钛合金（退火）抗拉弹性模量为1.078×10^5~1.176×10^5MPa；高温和低温性能优良。在高温下，钛合金仍能保持有效的力学性能。在低温下，钛合金的强度比常温时增加，有良好的韧性，即使在-253℃也能保持良好的韧性；耐热性能好。钛合金的热稳定性能较好，当温度达到500℃时仍能保持较高的硬度和耐磨度。钛合金的耐腐蚀性能优良，这是因为钛元素的化学性质较活泼，在空气中易与氧元素发生化学反应，从而在表面形成氧化物保护薄膜，这层薄膜能够提高钛合金的抗腐蚀性。此外，钛合金的比强度高。

几种金属材料在不同温度时比强度的对比如图1.1所示，从图中可以看出，钛合金在比强度方面相对于其他金属材料有很大的优越性。使用钛合金，可以在保证强度的前提下减轻结构的重量，这一特性对飞机制造业有重要的意义，推动了钛合金在航空航天工业中的广泛应用。

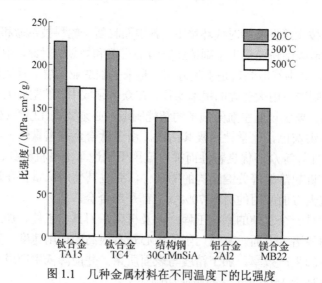

图1.1 几种金属材料在不同温度下的比强度

2. 钛合金的切削加工特性

通常将钛合金分为α型、β型和α+β型。α型钛合金具有良好的高温性能、良好的组织稳定性以及良好的焊接性能，在耐热钛合金的组成部分中发挥着重要作用，但由于在常温下低强度和高塑性的制约，热处理强化很难实现。β型钛合金具有良好的塑性加工性能，在适当的合金浓度时，室温下力学性能的提高可以通过热处理进行，是高强度钛合金发展的基础，但组织性能具有不稳定性。按照稳定状态组织类型分类，β型钛合金可分为稳定型和亚稳定型，如图 1.2 所示。α+β型钛合金除了具有α型钛合金的优良性能，还具有β型钛合金的一些特有的性质。由于α+β型钛合金具有良好的性能和使用的普遍性，在实际生产和生活中得到了主要应用，其应用远大于α型和β型钛合金。

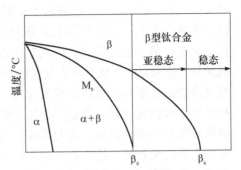

图 1.2 β 稳定剂含量和钛合金相组成的关系

钛合金的主要切削加工特性有：钛合金强度高、硬度大，要求加工设备功率大，模具、刀具应有较高的强度和硬度；切屑与前刀面接触面积小，刀尖应力大。与 45#钢相比，钛合金的切削力虽然只有其 2/3～3/4，但钛合金切屑与前刀面的接触面积更小，只有 45#钢的 1/2～2/3，所以刀具的切削刃承受的应力更大，刀尖或切削刃容易磨损；钛合金的摩擦系数大，导热系数低，分别仅为铁与铝的 1/4 和 1/16；这些因素使得钛合金的切削温度很高，造成刀具磨损加快并且影响加工质量；弹性模量小。在切削加工过程中，钛合金弹性模量较低，表面回弹量大，这不仅加剧了刀具后刀面与工件的接触面积，还导致了由于强烈摩擦和撕裂而造成的磨损。由于钛合金弹性模量低，切削加工时工件回弹大，容易造成刀具后刀面磨损的加剧和工件变形；化学活性高。钛合金在高温环境下，能与空气中的氧元素、氢元素、氮元素和水蒸气发生反应形成硬而脆的外皮，这层外皮可提高钛合金的表面硬度，因此当刀具切削工件时易在表面发生滑擦，加剧刀具磨损。在钛合金的切削加工中，工件材料极易与刀具表面黏结，加上很高的切削温度，刀具容易产生扩散磨损和黏结磨损，切削温度较高。

由上述钛合金的性能特点可知，钛合金传热性能差，当切屑脱离工件时，与前刀面的接触区域很小，在切削时产生的切削热集中在切削刃的较小范围内不易传出，从而会产生黏结磨损和扩散磨损；同时切屑的变形系数较小，且由于钛合金塑性较低，因此钛合金在切削加工中所得切屑的变形系数小于或接近于 1，这将会导致切屑脱离工件时在前刀面上滑动摩擦的路程有所增加，从而加速刀具的磨损。

1.1.2 钛合金加工中存在的问题

以高性能切削为代表的先进切削技术已经在航空航天、能源装备等重点发展行业中得到了迅速发展和广泛应用，并成为先进制造技术主体技术群中的关键技术。钛合金在航空工业领域主要用于制造航空发动机中的压气机盘、叶片、机箱等关键构架。在客机上，钛合金主要用作机身的大梁、中段以及内臂板等结构架。钛合金在汽车工业上的应用主要分为两大类：一类是用来减少内燃机中往复运动件的质量；另一类是用来减少汽车的总质量。目前钛合金主要用于制造汽车发动机元件和底盘部件。钛合金在化工领域中主要用于制造金属阳极电解槽、脱氯塔、氯气冷却洗涤塔等。钛在含有氯化物、硫化物等腐蚀性较强的热水中具有较好的稳定性，因此钛及钛合金已广泛用于制造火力发电厂中热交换器的冷却管。用薄壁钛管代替铜镍合金管，可明显提高其使用寿命，因此，电力工业也逐渐成为钛材的主要应用领域。钛合金具有无毒、质轻、耐生物体腐蚀以及生物相容性好等特点，已成为一种理想的医用金属材料，目前广泛用于人工关节、整形外科、心脏外科等医学领域。钛合金在海水中具有优异的耐腐蚀性，是所有在天然水中最耐腐蚀的金属材料，它在海水中的耐腐蚀性是不锈钢的 100 倍，且密度小、强度高、耐热性能好，逐渐取代铜合金和碳钢在海水淡化装置上的应用。目前钛合金在海水淡化装置中的应用主要包括热交换器、盐水加热器、冷凝器和管道等。

钛合金切削加工时存在如下问题：易产生非常薄的锯齿状切屑，且使切削刃承受波动变化的机械应力；由于钛合金较差的导热性，刀-屑接触长度小，切削刃会积聚高的切削温度；在高温下，钛与刀具材料和涂层材料之间的化学反应会加剧，黏结现象严重，使刀具迅速磨损。钛合金的加工实例如图 1.3 所示。

(a) 表面质量不佳　　　　　　　　(b) 表面质量良好

图 1.3　钛合金加工实例

由于陶瓷和聚晶立方氮化硼（polycrystalline cubic boron nitride, PCBN）刀具在切削钛合金时易与钛合金发生强烈的化学反应，使切削刃发生强烈磨损，造成崩刃等破损现象，降低切削性能，所以在切削钛合金时不选用陶瓷或 PCBN 刀具。当使用未涂层硬质合金刀具在切削加工钛合金时，刀-屑接触区的温度高达 1100℃，由于加工钛合金过程中的切削力较小，因此高的切削温度是造成刀具磨损的主要原因。

飞机上的钛合金零部件除了部分可以锻造，大多数的部件为薄壁结构件，因此在实际加工中必须从整块坯料中去除大量的材料。钛合金结构件的结构特点增加了加工难度，这是因为钛合金整体结构件大都为薄壁深腔结构，切屑排出困难，影响冷却润滑效果，并导致热量集中；刚性差，极易产生切削振动，一方面严重降低切削效率，另一方面严重影响加工表面质量完整性；加工过程中让刀、加工变形现象严重。由于薄壁结构特点，加工过程中极易产生让刀现象，影响加工精度。钛合金结构件的加工大多数都需要复杂的工艺流程，如粗加工、半精加工、精加工等。不同的加工工艺对夹具、刀具，甚至机床都提出了不同的要求，这显著提高了钛合金结构件的加工难度。在实际生产过程中，切削加工钛合金主要存在以下问题：

（1）加工效率较低。钛合金是典型的难加工材料，故材料去除率很低。切削钛合金时通常采用高速钢或者硬质合金刀具。当高速钢刀具的切削速度超过30m/min，硬质合金刀具的切削速度超过 60m/min 时，刀具磨损加快，切削过程变得困难，而钛合金高速切削加工范围一般在 100m/min 以上。目前，国外铣削加工钛合金水平在 100~200m/min 范围，而国内仅有少数的科研单位和企业开展了初步研究，虽有一定的进展，但就钛合金切削加工的整体水平而言，切削速度依然很低，一般在 100m/min 以下，与国外相比还存在很大差距。

（2）钛合金切削加工工艺数据库缺乏。在生产过程中，当安排具体工艺和选择切削用量时，通常是凭借经验和"试切"来确定工艺参数，因此需要商业化的工艺数据库来提供支持。

（3）我国高速加工装备的国产化程度低下，制约了钛合金铣削加工水平的提高。

综上可知，目前钛合金高速铣削的基础研究不够深入，工艺规范不够完善，不足以指导生产实践。因此，深入研究钛合金高速铣削机理，提高钛合金高速加工工艺水平，是当前亟须解决的问题。

1.1.3　刀具表面介观几何特征

限制钛合金高速加工发展的主要原因是切削区域的剧烈摩擦和高的切削温度，为提高钛合金的加工效率，必须提高刀具的耐磨性。针对钛合金的加工难点，除了采用新型刀具材料、优化切削工艺以提高刀具的切削性能，设计刀具几何结构、开发新型刀具也能充分挖掘刀具的潜力。

刀具刃口钝圆半径（图 1.4）及表面微织构能有效提高刀具的耐磨性。常见刃口钝圆半径尺度变化范围主要集中在 1~100μm。表面微织构尺度变化范围一般为几十到几百微米。上述两种刀具几何特征属于介观尺度范围（介观尺度介于宏观尺度、微观尺度之间，尺度范围为 0.1μm~1mm），可统称为刀具的介观几何特征（图 1.5）。本书以刀具介观几何特征（切削刃口圆角半径、表面微织构）为切入点，研究刀具介观几何特征抗磨损

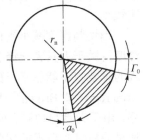

图 1.4　刃口钝圆

机理及其对钛合金高速铣削表面完整性的影响规律，为实现钛合金高效高质量加工提供理论依据，也对刀具的优化设计起到了支撑作用。

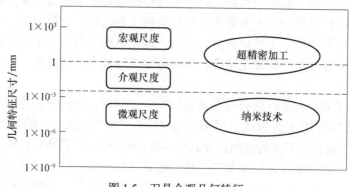

图1.5 刀具介观几何特征

1.2 刀具刃口对钛合金切削过程影响规律研究现状

在精密切削中，由于受加工尺度与刀具特征参数的共同影响，将发生一系列特有的加工现象和机理。与常规切削条件相比，精密切削时，刀具前刀面参与切削的面积减小，刀刃附近区域将承担材料的主要去除工作，精密切削机理会发生改变，单位切削力显著上升，且刀具在切削过程中的受力、受热主要集中于切削刃处[1]。此时刃口半径对于切削变形和材料去除的影响不容忽视。

刃口的钝圆半径是表征刃口的主要参数之一。刀具刃口半径的大小，反映了切削刃的锋利程度，影响着薄层切削、精加工的切削过程。由于普通切削加工时切削深度和进给量较大，切削刃钝圆半径远小于切削深度和进给量，所以可以不考虑切削刃钝圆的切削作用。这时，切削过程主要受工件材料本身晶体结构、晶格错位等缺陷分布规律的影响，刀具切削刃的锋利性对切削过程及表面质量的影响较小。

当切削深度减小到微米级别时，刀具切削刃钝圆半径有时接近甚至大于切削深度，关于刀具完全锋利的假设将不再有效。此时切削刃钝圆对微细切削加工过程的影响将不能忽略，微细切削加工的犁切力就被认为是由切削刃钝圆引起的。Armarego和Brown[2]认为切削刃钝圆的存在引起了刀具和工件之间的犁切与滑移，由于刀具与切屑之间挤压、摩擦损耗了大量的切削功，从而产生了尺寸效应。通过分析试验所得的切削力数据可知，当切削深度减小时，切削加工从以切削为主的加工状态转变成以犁切滑移为主的加工状态。因此，切削刃钝圆的存在可能是引起尺寸效应的原因之一[3,4]。

1.2.1 刀具刃口特征对切削加工的影响研究现状

在研究刃口对切削过程影响之前，首先对刃口几何结构及相关参数进行测量，目前测量刃口的方法很多。于彦波等[5]论述了多种刃口测量的方法，主要包括：光切式显微镜测量法；采用无损光学摄影技术获得刃口截面廓形，从而求得刃口半径值；利用光学投影将刃口截形放大，再用密切圆测得刃口半径值；使用塑料树脂将刃口的形状复印下来，再对复印的廓形显微摄影，以此测量刃口半径。当采用光学系统测量时，会由于显微镜景深较小、放大倍数较低、测试装置复杂等，测量精度较低，结果不准确。卢文祥等[6]采用塑性较大的金属对刀具刃口进行复印-显微摄影的测量研究，并对测量结果进行了统计分析，其结果表明，复印法是可靠性较高的一种刃口半径值的测量技术。

除了刃口半径，主截面内刃口形状也是刃口的特征之一。李儒荀[7]给出了锐刃、倒棱刃、消振棱刃和钝圆刃几种刃口形状，在设计和选用时，可根据具体情况选用一种或某几种的组合。

哈尔滨工业大学吴永孝研究了在超精机械加工中，刃口半径在微量切削中的作用和刃口半径对加工过程的影响等问题[8]，认为可以用刃口钝圆半径较大的刀具切削切削深度小于刃口半径的零件，为微量切削的应用开辟了新的途径。杨军和吴能章[9]采用微分几何的曲率分析方法，建立了斜角切削时刀具刃口的曲率半径在法剖面、主剖面与流屑平面内的表达式，讨论了实际刃口钝圆半径与刃倾角的关系，分析了曲率半径随刃倾角的变化趋势，并通过实例验证了刃口钝圆半径与刃倾角的关系，结果可供刀具设计参考。大连理工大学、北京理工大学等分别在超硬刀具刃口设计、刀具刃口钝化技术、刀具刃口加工工艺、刀具刃口轮廓检测等方面进行了研究，并在难加工材料的精加工和超精加工领域取得了较大进展[10]。

各国学者对于在刀具刃口附近发生的切削加工机理给予了较多关注。例如，Yuan等[11]从表面粗糙度、显微硬度、残余应力和加工表面层位错密度的角度分析了切削刃口半径对精密切削加工表面完整性的影响。Kim等[12]建立了一种考虑切削刃口半径和弹性回复的正交切削模型，并对耕犁和滑动效应进行了量化分析。常规尺度切削时，由于给定的切削深度远大于刀具刃口半径，可认为切削刃口是绝对锋利的，应用经典的Merchant切削模型即可对一般的切削加工机理进行解释和描述。微细切削条件下，受刀具材料和制备工艺的制约，刃口半径等刀具特征尺度不能随加工尺度的减小而同步减小，切削刃绝对锋利的假定将不再成立，切削刃的截面通常表现为圆弧形，如图1.6所示。

李旦等[13]研究了车削切屑形成过程，并提出一种新的试验方法用以研究切屑

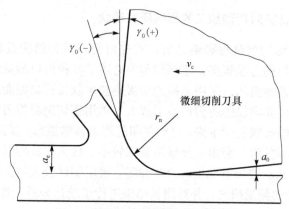

图 1.6 微细切削中圆弧刃切削模型

的形成过程,对不同材料种类和切削条件在切屑形成过程中的影响规律进行了分析。当切削深度与刀具的切削刃钝圆半径相比较大时,工件的材料用传统切削方式去除,生成的切屑和表面完整性在很大程度上受每一个晶粒晶向和结构影响;当切削深度与刀具的切削刃钝圆半径接近时,刀具刃部的磨光和挤压而产生的塑性变形在切削过程中占主导作用。

1.2.2 不同刃口形式对切削加工的影响研究现状

常见的四种刃口形式如图 1.7 所示,在切削过程中刀具刃口微观缺口极易扩展,加快刀具磨损和损坏。例如,用显微镜观察锋刃刀具主剖面,发现有微小的裂纹,这种裂纹将成为崩刃破裂的起始点,因此这种锋刃必须加以钝化,经过钝化后的 WC 基或 TiC 基硬质合金刀片刀刃的耐用度会相应提高,降低崩刃的影响,如图 1.8 所示[14]。

不同的刃口形式会影响切削热、受力状况、刀具寿命和加工表面质量完整性等,Yen 等[15]运用有限元仿真,通过切屑形状、切削力、切削温度、应力应变等变量来研究不同刀具刃口结构(钝圆刃和负倒棱刃)对渗碳淬火钢加工的影响。Shintani 等[16]研究了立方氮化硼(cubic boron nitride, CBN)刀具切削淬硬钢时刀具刃口形状对切削力、热等切削物理量的影响规律。Thiele 等[17]研究了切削刀具刃口钝化对加工表面粗糙度的影响情况。Hua 等[18]研究了多种刀具刃口形状(锐刃、钝圆刃、倒棱刃等)对车削残余应力的影响情况,并得出采用圆弧刃和倒刃刀具会使加工表面残余应力更加复杂,应力影响域更大的结论。Movahhedy 等[19]分析了刀具刃口钝化对于铝合金加工的影响。

先进的金属切削刀具与刃口形式的合理选择有密切关系。合理的刃口形式能延迟或避免月牙洼、崩刃和整体碎裂的产生。如果能够使刀具在切削难加工材料时的寿命提高,则认为钝化措施是得当的刀具材料、工件材料和切削加工实际

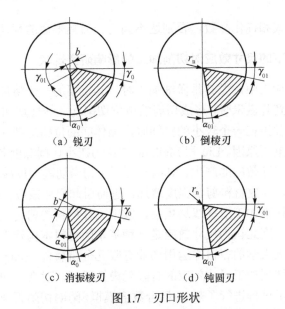

图 1.7 刃口形状

(a) 锐刃　(b) 倒棱刃　(c) 消振棱刃　(d) 钝圆刃

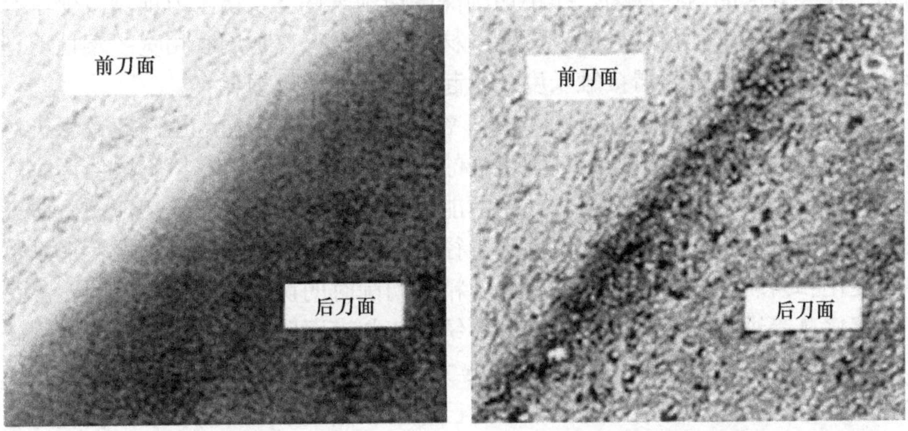

(a) 刃口未钝化　(b) 刃口钝化

图 1.8　刃口钝化与未钝化刀片切削刃刃口 SEM 照片（钝圆刃 $R=0.03$mm；放大 500 倍）

条件，是金属切削刀具刃口参数选择的三个基本依据。据此需要合理选择钝圆刃、倒棱刃和消振棱刃等刃区参数。

Rech 等[20]研究了刃口钝圆半径对高速钢铣刀刀具切削性能的影响，认为对刃口径向钝化处理可以有效保护刀具，避免不可预测的刀具磨损，并且选择合理的刃口钝圆半径可使切削性能达到最佳。Bouzakis 等[21]进行了硬质合金物理气相沉积（physical vapor deposition, PVD）涂层刀具铣削加工中钝圆刃刃口半径优化研究。桂育鹏从大量实践经验中发现，应该根据刀片材质、加工条件的不同来选择适合的刃口形式和钝化参数，否则达不到延长刀具寿命的预期效果[14]。

1.2.3 刃口作用下的尺寸效应对切削加工的影响研究现状

在精密切削加工中，尤其是微细加工时，其重要的一个特征是尺寸效应，即当切削深度减小到几微米时，形成切屑的单位切削功非线性增加[22]。Backer等[23]认为当塑性变形发生在一个较小的空间时，晶体间的位错运动加剧，这成为引起尺寸效应的一个重要原因。Liu and Melkote[24]认为在小切削深度条件下，材料的应变梯度强化引起尺寸效应的产生。Marusich[25]认为当切削深度减小时，刀-屑接触面切削温度降低，导致材料剪切强度增加，进而引起尺寸效应。Fang[26]通过建立一个复杂的正交切削加工滑移线场模型，发现工件材料的剪切流动应力随切削深度的变化而变化，因此认为尺寸效应是一种基本的材料本构行为。

南京航空航天大学的曹自洋运用商业有限元分析软件 Abaqus 进行了刀具切削刃钝圆对微细切削加工尺寸效应的有限元模拟研究。对考虑切削刃钝圆半径的二维正交切削加工过程进行了热-力耦合数值模拟，阐明切削刃钝圆引起的微细切削加工尺寸效应的内在原因。在小切削深度切削条件下，切削刃钝圆改变了有效前角的大小，增强了犁切效应；影响了材料变形过程，扩展和拓宽了塑性剪切变形区的大小；增加了刀屑接触长度，引起了较高的能量损耗[27]。

罗正川研究了刀具切削刃圆弧在精密切削中的作用，通过用高速摄影机对刀具切入过程的观察，指出刃口钝圆半径的大小明显地影响着滑擦阶段经历时间的长短，同时比较了不同材料刀具的切薄能力和不同工件材料的可切薄性，研究了在精密切削条件下，刀具切削刃钝圆半径对切削力、切削力比、切屑变形系数、加工硬化和鳞刺高度的影响，并建立了精密切削时的切削模型[28]。

郭培燕等进行了刀具刃口半径对不锈钢切削表面残余应力影响的模拟，建立了平面应变有限元模型，采用 Lagrange 方法模拟了奥氏体不锈钢 AISI316L 的正交切削过程；研究了切削刃钝圆半径对已加工表面残余应力的影响，发现随着刃口钝圆半径的增加，残余拉应力和压应力的数值都逐渐增大，压应力层厚度也增大，但拉应力层厚度不变。通过模拟结果与试验结果的对比分析，二者吻合，从而验证了有限元模拟的可用性[29]。罗翔利用滑移线场理论建立了考虑切削刃钝圆作用的正交切削模型，根据滑移线场满足静可容条件，用试探法对切削刃钝圆上分流点的高度值进行了预测，满足动可容条件，预测结果与试验结果有较好的一致性，结果表明分流点高度随切削深度、切削速度及切削刃钝圆半径的增加而增加[30]。

1.3 微织构刀具研究现状

随着加工技术的发展，可以通过某种加工方法在刀具表面加工出凹坑或凹槽阵列等，人为地改变刀具的表面形貌，从而进一步研究刀具表面形貌对刀具切削加工性能的影响。

1.3.1 表面微织构技术概述及研究现状

表面微织构是指在摩擦面上加工出具有介观几何尺寸的凹坑或微小沟槽等点阵。表面微织构的几何参数主要包括表面形貌和结构参数。常见的几何形状有圆形、矩形、六边形的凹坑，平行或呈网状分布的槽形。微织构分布包括在表面的位置、分布的几何形状以及微细形貌的密度。表面微织构改善摩擦副摩擦学性能的研究开始于机械密封，目前主要是对机械密封、滑动轴承、活塞环和缸套等部件的研究。国内外许多专家对微织构技术的现状和其在工程中的应用都进行了有关分析。

Ranjan 等设计加工出深度为 10μm、宽度为 20μm 的沟槽，通过试验得出，微槽织构阵列显著地改善了盘片与磁头间的接触摩擦状态，有效地降低了磁头与盘片之间的磨损，从而提高了硬盘的寿命[31]。Etsion 利用激光加工技术，在摩擦副表面加工微织构，通过两摩擦副对磨来研究微织构对其润滑性能的影响。试验结果表明，微织构表面具有更优的润滑性能[32]。宋起飞等为了研究三种不同类型微织构在常温的条件下对铸铁材料摩擦性能的影响，以铸铁材料的汽车制动盘为研究对象，并在其表面上分别加工出分布规则的条纹状、凹坑状以及网格状微织构，其结果表明，凹坑状微织构减摩效果最佳，且随着微织构布局密度的减少，摩擦因数有所降低[33]。刘一静等在工件表面上加工了四类不同直径，五种不同深度的表面微织构；以活塞裙部片段作为上试样，以缸套片段作为下试样，分别在不同的载荷条件与不同的转速下对表面微织构的摩擦性能进行了探讨分析；通过磨损试验得出，表面微织构对改善表面的抗磨损特性效果显著[34]。杨本杰等设计了一种摩擦试验装置来研究表面微织构对拉延形成的滑动接触界面摩擦特性的影响；针对规则圆形微坑、单向沟槽以及随机表面的铝合金试样，在润滑条件下，用不同的接触压力与摩擦副滑动速度进行摩擦试验，结果表明，规则圆形微坑表面的摩擦系数最小[35]。Pettersson 等研究了不同类型表面微织构的液压马达在低速和高速条件下对活塞/滚子接触摩擦的改善情况，试验结果发现，与滑动方向垂直的平行沟槽和与滑动方向成 45°角的网状沟槽试件的表面摩擦系数很小，虽然两种沟槽试样之间的摩擦力相差不大，但网状沟槽试样对降低摩擦过程中的振动更显著[36]。

目前大多为针对不同类型微织构的减摩效果的研究，而对微织构结构参数的研究较少，且没有系统的理论研究。微织构结构参数对减摩效果的影响同样显著，因此有必要对微织构结构参数进行深入探讨分析。

1.3.2 微织构刀具切削加工性能研究现状

在金属切削加工中,提高加工工件表面质量以及改善刀具的磨损情况一直是学者致力于研究的重点方向。日本大阪大学的 Enomoto 和 Sugihara 采用飞秒激光加工技术在涂层刀具的表面加工微纳织构以研究微纳织构对刀具切削过程的影响,试验结果表明表面微纳织构在切削过程中能够存储适量的切削液,减少刀-屑实际接触长度,降低刀-屑黏结磨损,从而改善表面摩擦特性;而将微纳织构减摩抗磨特性应用在后刀面上,同样减少了后刀面的磨损[37-40]。王震利用微坑织构刀具加工钛合金来研究其切削加工性能,结果发现,在润滑条件下微坑织构可以减少刀屑界面间的摩擦系数[41]。Koshy 等利用电火花加工方法,在刀具的前刀面上加工出连续面型和四槽阵列两种类型表面微织构,并分别采用连续与断续两种切削方式在切削液润滑条件下进行钢和铝合金的切削试验,其结果表明,表面织构的峰度、偏度和面积占有率对织构的减摩抗磨效果有重要的影响;表面微织构可以促进切削液进入刀屑界面并储存,降低主切削力和进给力[42]。华中科技大学的吴克忠等在刀具表面上加工减摩槽并进行切削试验,结果发现,减摩槽不但可以减小刀具的切削力,还可以改善刀具的断屑性能[43]。Zhang 等为了分析微织构刀具的切削性能,在 TiAlN 涂层刀具织构表面制备出微织构,分别在全面润滑和微量的条件下进行了切削 AISI1045 淬硬钢试验,其试验结果发现,微织构刀具相对较好,全面润滑的条件会使切削加工性能更显著[44]。

山东大学的邓建新团队将微织构技术与自润滑技术相结合,研制出微织构自润滑刀具,随后用试验对其减摩润滑特性进行了深入研究。微织构自润滑刀具是在微织构中填充固体润滑剂,当刀具切削时,固体润滑剂会在刀具表面形成固体润滑膜以实现自润滑功能,使前刀面上的平均摩擦系数、切削温度和切削力均相应减小[45-47]。随后,他们利用陶瓷刀具与 45#钢建立金属正交切削模型,通过 Abaqus 对陶瓷刀具正交切削 45#钢的过程进行了二维仿真。仿真结果发现,微织构间宽度不同,减摩效果不同;当微织构的宽度较小时,减摩效果明显[48]。美国堪萨斯州立大学的 Lei 和 Devarajan 通过数值模拟的方法对激光加工表面进行了分析,得到微坑对刀具力学性能的影响(图 1.9),并研究发现微织构的置入对硬质合金刀具的结构强度没有造成过大的负面影响[49]。

表面微织构是近年来摩擦学领域的研究热点,处于起步阶段。大多数学者的研究主要集中在车削、可转位面铣刀以及润滑的条件下对微织构刀具切削性能的探讨分析,而关于微织构技术在球头铣刀片上的应用研究很少,微织构刀具在干切削的条件下的应用更少。

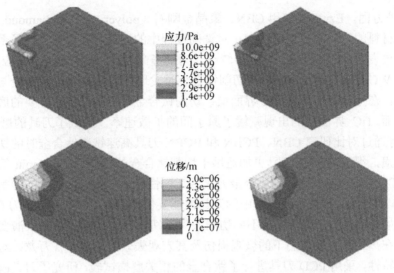

图 1.9 位移轮廓和应力分布的仿真结果示意图

1.4 高速切削钛合金刀具摩擦磨损特性研究现状

由于钛合金的物理性能和化学性能，其切削加工难度很大，所以属于典型难加工材料。现在主要用于切削钛合金的刀具材料有硬质合金、涂层硬质合金、高速钢和陶瓷。这些刀具材料切削钛合金的磨损机理是磨粒磨损、黏结磨损、氧化磨损、扩散磨损和热-机械疲劳磨损的综合作用。各种刀具材料对钛合金的切削加工性能的对比如图 1.10 所示。

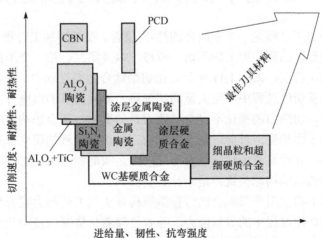

图 1.10 不同刀具材料性能与切削参数关系

国外方面，Ezugwu 等用 CBN、聚晶金刚石（polycrystalline diamond, PCD）等不同材料的刀具高速切削 TC4，对铣削过程中的刀具磨损机理进行了系统的研究，结果表明 PCD 材料刀具磨损较小，刀具寿命较高[50]。Hartung 在应用 PCD 刀具和 WC-CO 基硬质合金刀具切削钛合金时发现，刀具中的 C 元素会与切屑发生反应，在接触界面形成 TiC 界面层；切削钛合金时扩散磨损为主要的磨损形式之一，而 TiC 界面层的出现减缓了原子间的扩散速率，降低了刀具的磨损[51]。Wang 等通过对比研究 CBN、PCBN 和 BCBN 刀具高速铣削钛合金时的切削力及刀具磨损，得出 BCBN 刀具更加适用于切削钛合金的结论[52,53]。Amin 等对比研究了 PCD 刀具和 WC-Co 硬质合金刀具的切削性能，表明 PCD 刀具的切削速度可达到 457m/min，其在切削过程中的刀具性能要优于 WC-CO 硬质合金刀具[54]。

国内方面，李安海研究了不同切削条件下切削钛合金的刀具失效演变过程，揭示了在热力耦合场作用下的微观损伤及其宏观失效响应[55]。谷万龙针对钛合金难加工特性，采用 PCD 刀具进行了钛合金的相关磨损试验，研究了刀具磨损与切削参数的响应特性，并采用扫描电镜和能谱分析仪对刀具磨损微观形貌进行了观察[56]。姜增辉等分别选取了 YG8、YT15 和 YW2 三种硬质合金刀具切削钛合金，研究了在不同切削条件下刀具材料中的合金成分对刀具磨损的影响，结果表明在高速切削时选用 YW 类硬质合金刀具较为合适[57]。王其琛等分别采用无涂层和 PVD 涂层硬质合金刀具铣削钛合金 TC18，研究了在切削过程中刀具的磨损形貌和磨损机理，其研究结果表明，在相同的切削条件下，PVD 涂层的硬质合金刀具的加工寿命要优于无涂层的刀具[58]。

1.5 钛合金切削过程热-力耦合行为研究方法

刀具切削加工过程是一个非线性的热-力耦合。在切削加工过程中，切削热一般来自第一变形区的剪切面上的剪切、滑移，以及第二、第三变形区的前刀面与后刀面的摩擦及挤压，如图 1.11 所示。在切削钛合金的过程中，钛合金材料导热系数很小，会使切削过程中产生大量的切削热，导致刀具的温度升高，从而使刀具的磨损加剧。切削力的变化不仅会导致刀具的磨损，还会影响切削过程中工件的表面质量和表面精度。目前，对于微织构刀具切削过程的研究都只单独分析温度场与应力场，并没有考虑切削温度与切削力之间的相互作用影响，所以进一步优化这种新型的微织构球头铣刀是十分必要的。

因此，本书将采用序贯耦合法进行微织构球头铣刀的热力耦合分析，得到微织构球头铣刀切削过程中的等效应力、等效位移变化情况以及刀片内部最高的温度、应力、应变区，为进一步提高微织构球头铣刀的性能和使用寿命研究提供了基础数据与理论依据。

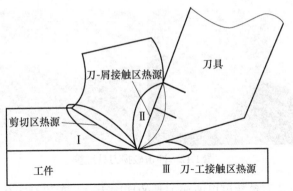

图 1.11 切削热来源

1.5.1 钛合金切削过程切削力的研究现状

切削力是在金属切削加工过程中,刀具与工件、切屑间相互作用而产生的力。工件在刀具切削力的作用下去除了多余的材料,使工件达到预定的形状和尺寸。切削力是切削加工过程中的重要物理现象之一,其大小与分布对于刀具的磨损和破损具有直接或间接的影响,切削力的波动会导致刀具的冲击破损,切削力的分布不均匀会导致刀具发生剧烈磨损。在实际生产过程中,切削力又作为计算切削功率、设计和使用机床、夹具、刀具的必要依据。研究切削力的大小及其在刀具上的分布有助于深刻理解切削过程,同时对于预测刀具磨损、实时监控刀具切削状态、计算材料流动应力、表征切削过程、优选和设计刀具等都有重要的意义。切削力的研究方法主要包括理论解析及建模、试验研究、有限元仿真分析等方法。

切削力对刀具的磨损、破损具有一定的影响,而且在断续切削时,切削力的突变会造成刀具的冲击破损,如图 1.12 所示。牟涛[84]进行了用可转位铣刀和整体硬质合金刀具高速铣削 Ti6Al4V 的正交试验与单因素试验,并对试验结果进行了极差分析,分析了切削三要素对切削力的影响,采用线性回归方法建立了铣削力的经验公式,同时研究了刀具磨损的加剧对切削力大小的影响。陈建军[85]研究了硬质合金涂层立铣刀高速铣削钛合金时的切削性能,对 PCD 涂层刀具与 TiAlN 涂层刀具两种刀具高速切削 Ti6Al4V 进行了试验,分析得出 PCD 涂层刀具在相同的切削条件下具有更小的切削力的结论;分析了 PCD 涂层刀具在切削加工时,不同的切削参数对切削力和刀具磨损的影响,验证了在小于一定的切削速度和进给量时,涂层材料可有效地减少刀具的磨损,但在 v_c=180~230m/min 时磨损剧烈,对应切削力变化也剧烈。赵剑波[86]等对钛合金材料插铣削力进行了研究,分析得到刀具的破损方式和应力分布有着直接的关系;通过对磨损刀片的电镜照片进行分析,证明了插铣过程中刀片的主要破损方式为刀尖磨损。

图 1.12 冲击破损刀具形貌

改变刀具的几何参数可以改变刀具的切削力。Li 等[87]对钛合金 Ti6Al4V 高效车削加工时的刀具寿命进行了理论和试验研究，得出钛合金加工时减小主偏角可以增加切削刃长度、减小平均切削深度，从而降低前刀面的切削温度和切削力、提高刀具寿命的结论。沈阳理工大学的刘暐等[88]研究了刀具角度对 TC4 钛合金切削力的影响，采用有限元仿真与试验相结合的方法对硬质合金刀具切削钛合金的过程进行了研究，得到切削过程的切削力；通过研究发现，在一定范围内，硬质合金刀具的前角越大，主切削力和进给切削力越小，而刀具后角的变化对主切削力的影响不大，但对进给力的影响显著。

1.5.2 钛合金切削过程切削温度的研究现状

切削过程中，绝大部分功耗都转化为热量，而切削热会引起零件、夹具和加工刀具的温升。刀-工和刀-屑的接触区摩擦产生的高温是造成刀具磨损的重要原因之一。刀具所承受的高温及其温度的分布对于刀具的磨损和破损都有重要影响。切削温度的研究方法主要有两种：解析法和试验法。解析法是通过建立简化解析模型来研究切削温度；试验法作为研究切削温度的另一种方法，主要采用各种测量方法来获取切削温度，其中主要的测量切削温度的方法有热电偶法、金相分离法、量热法、红外成像法等。

在刀具切削加工过程中，会产生大量的切削热，使刀具的温度升高，导致刀具磨损。舒畅[89]对高速铣削钛合金的切削温度进行了研究，他对钛合金 TA15 进行了切削试验，采用半人工热电偶的方法进行了测量铣削过程的切削温度的研究，分析得到了切削过程中不同的因素变量对钛合金 TA15 高速铣削时的铣削温度的影响规律。李明艳[90]对高速切削钛合金的温度场进行了有限元模拟分析，基于热传导与热源法建立了刀具和切削的温度场分布方程；采用有限元软件建立了二维切削模型，对刀具温度场进行数值模拟，得到了刀具上温度的分布。王晓亮[91]对 TC4 钛合金的切削温度进行了研究，利用有限元软件建立了 TC4 钛合金的二维切削模型，通过仿真得到切削过程的温度云图，如图 1.13 所示，同时分析了切削速度、进给量、切削深度分别对切削温度的影响规律。

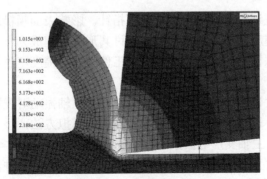

图 1.13　切削温度云图

1.6　高速切削钛合金表面完整性研究现状

钛合金以其比强度高、耐腐蚀性能好等优良的特性进入了航空航天领域，并迅速成为该领域主要结构材料之一。钛合金在航空航天中的应用如图 1.14 所示[59]。目前，在先进航空发动机机体上，钛合金所占比重在迅速增加。另外，钛合金与刀具之间的摩擦系数较大，钛合金切屑沿前刀面摩擦速度较高，剧烈的摩擦导致刀具易磨损及表面质量较差是限制钛合金发展的主要因素。

合理的表面织构可以降低刀具与切屑之间的摩擦阻力、降低刀具磨损及抗黏附能力，这使得刀具减摩抗磨性分析成为主流的研究方向。因此，针对钛合金加工时刀具易磨损、表面质量较差等问题，将微织构应用在刀具上可达到减摩抗磨作用，在保证工件表面质量的同时，确定织构在刀具上的位置及排列分布，对节能降耗及钛合金的高速发展具有重大意义。

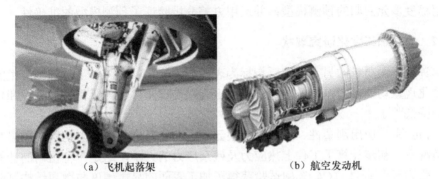

(a) 飞机起落架　　　　　　(b) 航空发动机

图 1.14　钛合金在航空航天中的应用

1.6.1 表面粗糙度研究现状

表面粗糙度是评价零件耐用度的重要指针。影响表面粗糙度的因素众多。目前，建立表面粗糙度分析及评价模型、探讨其形成过程成为学者密切关注的热门问题之一。而微织构置入刀具表面是否对工件表面粗糙度产生影响这方面研究相对较少。

在表面粗糙度试验方面，Lee 等[60]考虑高速主轴振动对表面质量的影响，在此基础上提出了一种高速铣削加工表面粗糙度的模拟方法；基于统计铣削模型，分析了切削振动、主轴变形等因素对表面粗糙度的影响规律。李洪波等[61]建立了微铣削表面粗糙度分析方法，并与传统切削相比，分析了两种情况下表面粗糙度的差别，得出是微铣削最小切削深度导致的，为微铣削加工研究提供了试验基础。黄燕华和董申[62]提出了一种应用新型试验方法，进行了非线性回归对比分析，建立了进给量、切削深度、主轴转速和刀尖角四个参量的表面粗糙度预测模型。姚倡锋等应用 TC11 和 TB6 钛合金分别进行了高速铣削表面粗糙度与表面形貌研究，从冷却润滑工艺、刀具前角和切削参数的选择方面对 TC11 切削试验和三维表面形貌的测试进行了分析研究[63,64]；通过高速铣削正交试验，分析了每齿进给量、切削速度与切削宽度对钛合金 TB6 表面粗糙度与表面三维形貌的影响。意大利 Bordin 等[65]研究了在干切削条件下车削 CoCrMo 合金时切削参数对表面完整性相关参数（表面粗糙度、残余应力、加工硬化）的影响规律。

在表面粗糙度预测模型的建立方面，Chen 等[66]通过解析刀具切削刃形状对表面残留高度形成原理的影响，利用基于神经网络的表面粗糙度预测系统预测其中所含表面粗糙度信息。王洪祥等[67]采用单点金刚石刀具，进行了超精密车削铝合金试验研究；基于多元回归分析方法，建立了表面粗糙度预测模型，并获得了切削加工参数对表面粗糙度的影响规律。武文革等[68]基于响应曲面法，建立了表面粗糙度多元回归的预测模型，并运用方差分析验证了预测模型的准确性。

1.6.2 表面加工硬化研究现状

评定表面质量的另一个重要指标为表面加工硬化。切削加工过程中产生的加工硬化现象均匀性差，同时会导致表面出现损伤现象，使得零件的可靠性和使用寿命降低[69]。

Liu 等[70]应用刚塑性、弹塑性有限元法，在仅考虑低速稳态切削时的温度分布情况下，初步计算了工件上热应力及残余应力的大小，这是一种粗略的计算方法。张为等[71]通过 TC4 车削试验获得了加工表面的显微硬度与微观结构试验数据，分析了不同切削参数下钛合金车削加工的表面硬化机理。Wardant 等[72]通过 PCBN 刀具高速车削淬硬模具钢试验获得了表面完整性相关参量（表面残余应力、显微硬度和显微结构）试验数据，并对数据进行了分析与研究，结果表明进给量、轴向深度对其影响均相对较小，而切削刃钝圆半径、后刀面磨损量对其影响显著。蒋克强[73]基于正交切削试验，对已加工工件表面及距表面不同距离的显微硬度进行测试，建立了沿深度方向上分布的工件显微硬度模型，最终求解出加工硬化层的深度。李德宝[74]基于金属塑性理论分析了第三变形区内的弹塑性应力场，建立了加工硬化深度的预报准则，利用有限元软件 ANSYS 提取出工件表面应力、应变及加工硬化数据，获得已加工表面的加工硬化变形等值线图。孙厚忠[75]研究了 PCD 刀具高速铣削钛合金铣削参数和刀具磨损对钛合金加工硬化及表层金相显微组织的影响规律。Soo 等[76]通过 TiAlN 涂层硬质合金刀具钻削及铣削加工粉末高温合金试验发现，已加工工件表面都出现较为严重的加工硬化现象，钻削加工硬化层深度可高达 100μm，而铣削加工硬化层深度则为 5μm 左右，该结果表明钻削加工能够产生更为严重的加工硬化现象。

1.6.3 表面残余应力研究现状

目前，从理论上定量分析残余应力产生的机理还存在一定困难，主要是由于切削加工过程的多元非线性。在工件表面的形成过程中，切削加工表面受到刀具几何参数、切屑流动、应力分布、热流和刀具磨损等多因素的影响，因此很难准确地对切削加工的残余应力做出定量的结论[77]。

唐志涛等[78]基于 Doelle-Hauk 方法测量了铣削加工铝合金工件表面的残余应力状态，结果表明应力主平面与试样表面基本平行，铣削加工铝合金表面的残余应力近似处于二维平面应力状态；在分析织构对残余应力测试影响的基础上，采用 X 射线衍射法中的回摆法测量了铣削加工工件表面不同切削几何位置、不同转速下残余应力的分布规律；为了对残余应力的分布做出解释，采用 Kistler 测试仪测试了不同主轴转速下切削力的变化规律，建立了双刃斜角切削有限元模型，得到单个切屑形成时已加工工件表面的切削温度场；从热力耦合的角度对残余应力的形成机理进行了研究。吴红兵等[79]利用三维斜角切削有限元模型对钛合金 Ti6Al4V 的高速切削加工过程进行了模拟，获得不同切削速度和不同切削深度下的已加工表面残余应力分布，其模拟结果表明，切削速度对已加工表面残余应力具有重要影响，而切削深度对已加工表面残余应力影响较小；已加工表面层残余应力为拉应力，沿深度方向由拉应力逐渐过渡到压应力；三个主方向的残余应力随切削速度的增大而增大，而随切削深度的增大无明显变化；切削速度和切削深度对残余应力层的厚度影响都小。Li 等[80]通过精密端面车削高强度镍基粉末高温合金 RR1000，研究了刀片类型、刀具涂层、刀具磨损和刀具破损对已加工表面残余应力的影响，其研究发现，与菱形刀片相比，圆刀片引起的拉应力稍高，随着刀具磨损的增加，表面拉应力也随之增大，但没有出现更多的塑性变形。

Sasahara 等[81]进行了硬车和切削 45#钢的表面完整性方面的研究,分析了切削参数(刀尖圆弧半径、进给速度)对加工表面残余应力、表面硬化的分布影响;研制了用于加工产生残余压应力的特殊立铣刀。Caruso 等[82]通过 AISI52100 钢硬切削试验研究发现,刀具刃口形状、工件硬度、切削速度和微观组织变化等对残余应力产生显著影响;通过微观组织分析发现,热膨胀引起的相变对最大残余应力的值及位置有非常大的影响。Lin 等[83]在残余应力研究方面卓有成效,分别研究了刀刃有钝圆半径和无钝圆半径的情况,建立了正交及斜角切削热弹塑性有限元模型,考虑了切削加工过程中的热-力耦合效应,但该研究是针对低速下低碳钢和超精密车削 Ni-P 合金时的残余应力分布情况。

1.7 本章小结

本章对钛合金加工的特点及现有钛合金加工中存在的问题进行了详细的阐述,据此提出了刀具介观几何特征的概念;分别从刃口及微织构两个方面详细介绍了介观几何特征对刀具切削性能、刀具磨损、工件表面质量及钛合金切削过程中热-力耦合行为影响的研究现状。大量研究发现,介观几何特征的置入很大程度上可以提高刀具的切削加工性能,减少刀具磨损,提高钛合金工件表面质量。因此,对介观几何特征进行深入的研究具有十分重要的意义。

参 考 文 献

[1] 蒋放, 王西彬. 微细切削刀具切削刃局部应力分析. 制造技术与机床, 2009, (9):67-69.

[2] Armarego E J A, Brown R H. On the size effect in metal cutting. International Journal of Production Research, 1961, 1(3):75-99.

[3] Endres W J, Devor R E, Kapoor S G. A dual-mechanism approach to the prediction of machining forces, part 2: Calibration and validation. Journal of Engineering for Industry, 1995, 117(4):526-533.

[4] Zhou M, Clode M P. Constitutive equations for modelling flow softening due to dynamic recovery and heat generation during plastic deformation. Mechanics of Materials, 1998, 27(2):63-76.

[5] 于彦波, 朱忠业, 刘德荣. 切削刀具刃口半径ρ值的测定. 工具技术, 1986, (12):9-13.

[6] 卢文祥, 邓小明, 李宗保. 刀具刃口圆半径ρ值的测定. 华中科技大学学报(自然科学版), 1984, (1):115-118.

[7] 李儒荀. 刀具设计原理与计算. 南京: 江苏科学技术出版社, 1985.

[8] 吴永孝. 微量车削与超精车削加工法. 哈尔滨工业大学学报, 1980, (2):47-59.

[9] 杨军, 吴能章. 斜角切削刀具刃口曲率半径分析. 西南科技大学学报(自然科学版), 2006, 21(4):80-84.

[10] 桂育鹏, 于启勋. 刀具刃口钝化技术的探讨. 金属加工(冷加工), 2004, (6):43-44.

[11] Yuan Z J, Zhou M, Dong S. Effect of diamond tool sharpness on minimum cutting thickness and cutting surface integrity in ultraprecision machining. Journal of Materials Processing Technology, 1996, 62(4):327-330.

[12] Kim J D, Dong S K. Theoretical analysis of micro-cutting characteristics in ultra-precision machining. Journal of Materials Processing Technology, 1995, 49(3-4):387-398.

[13] 李旦, 王洪祥, 孙涛, 等. 超精密车削切屑形成过程的试验研究. 制造技术与机床, 2002, (6):17-19.

[14] 桂育鹏. 刀具刃口钝化技术的探讨. 数控机床市场, 2005, (12):96-100.

[15] Yen Y C, Jain A, Altan T. A finite element analysis of orthogonal machining using different tool edge geometries. Journal of Materials Processing Technology, 2004, 146(1):72-81.

[16] Shintani K, Ueki M, Fujimura Y. Optimum tool geometry of CBN tool for continuous turning of carburized steel. International Journal of Machine Tools & Manufacture, 1989, 29(3):403-413.

[17] Thiele J D, Melkote S N. Effect of cutting edge geometry and workpiece hardness on surface generation in the finish hard turning of AISI 52100 steel. Journal of Materials Processing Technology, 1999, 94(2-3):216-226.

[18] Hua J, Shivpuri R, Cheng X, et al. Effect of feed rate, workpiece hardness and cutting edge on subsurface residual stress in the hard turning of bearing steel using chamfer + hone cutting edge geometry. Materials Science & Engineering A, 2005, 394(1-2):238-248.

[19] Movahhedy M R, Altintas Y, Gadala M S. Numerical analysis of metal cutting with chamfered and blunt tools. Journal of Manufacturing Science & Engineering, 2002, 124(2):178.

[20] Rech J, Yen Y C, Schaff M J, et al. Influence of cutting edge radius on the wear resistance of PM-HSS milling inserts. Wear, 2005, 259(7-12):1168-1176.

[21] Bouzakis K D, Michailidis N, Skordaris G, et al. Optimisation of the cutting edge roundness and its manufacturing procedures of cemented carbide inserts, to improve their milling performance after a PVD coating deposition. Surface & Coatings Technology, 2003, 163(2):625-630.

[22] Joshi S S, Melkote S N. An explanation for the size-effect in machining using strain gradient plasticity. Journal of Manufacturing Science & Engineering, 2017, 126(4):679-684.

[23] Backer W R, Marshall E R, Shaw M C. The size effect in metal cutting. Journal of Manufacturing Science & Engineering, 1952, 74(1):61-72.

[24] Liu K, Melkote S N. Material strengthening mechanisms and their contribution to size effect in

micro-cutting. Journal of Manufacturing Science & Engineering, 2006, 128(3):1147-1156.

[25] Marusich T D. Effects of friction and cutting speed on cutting force. Proceedings of ASME Congress, 2001:115-123.

[26] Fang N. Slip-line modeling of machining with a rounded-edge tool—Part Ⅱ: Analysis of the size effect and the shear strain-rate. Journal of the Mechanics & Physics of Solids, 2003, 51(4):743-762.

[27] 曹自洋, 何宁, 李亮. 刀具切削刃钝圆对微细切削加工尺寸效应影响的有限元模拟研究. 机械科学与技术, 2009, 28(2):186-190.

[28] 罗正川. 刀具切削刃圆弧在精密切削中的作用. 华中科技大学学报(自然科学版), 1988, (4):17-24.

[29] 郭培燕, 王素玉, 张作状. 刀刃半径对不锈钢切削表面残余应力影响的模拟. 现代制造技术与装备, 2007, (1):39-41.

[30] 罗翔. 正交切削切削刃钝圆上分流点的研究. 广东工业大学学报, 1997, (1):80-85.

[31] Ranjan R, Lambeth D N, Tromel M, et al. Laser texturing for low-flying-height media. Journal of Applied Physics, 1991, 69(8):5745-5747.

[32] Etsion I. 13-Surface texturing for in-cylinder friction reduction. Tribology & Dynamics of Engine & Powertrain, 2010:458-469.

[33] 宋起飞, 周宏, 李跃, 等. 仿生非光滑表面铸铁材料的常温摩擦磨损性能. 摩擦学学报, 2006, 26(1):24-27.

[34] 刘一静, 袁明超, 王晓雷. 表面织构对发动机活塞/缸套摩擦性能的影响. 中国矿业大学学报, 2009, 38(6):866-871.

[35] 杨本杰, 刘小君, 董磊, 等. 表面形貌对滑动接触界面摩擦行为的影响. 摩擦学学报, 2014, 34(5):553-560.

[36] Pettersson U, Jacobson S. Textured surfaces for improved lubrication at high pressure and low sliding speed of roller/piston in hydraulic motors. Tribology International, 2007, 40(2): 355-359.

[37] Enomoto T, Sugihara T. Improvement of anti-adhesive properties of cutting tool by nano/micro textures and its mechanism. Procedia Engineering, 2011, 19(1):100-105.

[38] Enomoto T, Sugihara T, Yukinaga S, et al. Highly wear-resistant cutting tools with textured surfaces in steel cutting. CIRP Annals-Manufacturing Technology, 2012, 61(1):571-574.

[39] Sugihara T, Enomoto T. Improving anti-adhesion in aluminum alloy cutting by micro stripe texture. Precision Engineering, 2012, 36(2):229-237.

[40] Sugihara T, Enomoto T. Crater and flank wear resistance of cutting tools having micro textured surfaces. Precision Engineering, 2013, 37(4):888-896.

[41] 王震. 刀具表面织构减摩性研究. 南京: 南京航空航天大学硕士学位论文, 2011.

[42] Koshy P, Tovey J. Performance of electrical discharge textured cutting tools. CIRP Annals-Manufacturing Technology, 2011, 60(1):153-156.

[43] 吴克忠, 陈永洁, 朱丹丹, 等. 减摩槽在三维槽型刀片中的应用. 工具技术, 2005, 39(5):53-55.

[44] Zhang K, Deng J, Xing Y, et al. Effect of microscale texture on cutting performance of WC/Co-based TiAlN coated tools under different lubrication conditions. Applied Surface Science, 2015, 326:107-118.

[45] 宋文龙. 微池自润滑刀具的研究. 济南：山东大学博士学位论文, 2010.

[46] 亓婷. 微织构自润滑刀具的结构设计研究. 济南：山东大学硕士学位论文, 2012.

[47] 宋文龙, 邓建新, 吴泽, 等. 镶嵌固体润滑剂的自润滑刀具切削温度研究. 农业机械学报, 2010, 41(1):205-210.

[48] 冯秀亭, 邓建新, 邢佑强, 等. 微织构陶瓷刀具切削性能的有限元分析. 工具技术, 2013, 47(10):23-28.

[49] Lei S, Devarajan S, Chang Z. A study of micropool lubricated cutting tool in machining of mild steel. Journal of Materials Processing Technology, 2009, 209(3):1612-1620.

[50] Ezugwu E O, Silva R B D, Bonney J, et al. Evaluation of the performance of CBN tools when turning Ti-6Al-4V alloy with high pressure coolant supplies. International Journal of Machine Tools & Manufacture, 2005, 45(9):1009-1014.

[51] Hartung P D, Kramer B M, Turkovich B F V. Tool wear in titanium machining. CIRP Annals-Manufacturing Technology, 1982, 31(1):75-80.

[52] Wang Z G, Rahman M, Wong Y S. Tool wear characteristics of binderless CBN tools used in high-speed milling of titanium alloys. Wear, 2005, 258(5):752-758.

[53] Wang Z G, Wong Y S, Rahman M. High-speed milling of titanium alloys using binderless CBN tools. International Journal of Machine Tools & Manufacture, 2005, 45(1):105-114.

[54] Amin A K M N, Ismail A F, Khairusshima M K N. Effectiveness of uncoated WC-Co and PCD inserts in end milling of titanium alloy—Ti-6Al-4V. Journal of Materials Processing Technology, 2007, 192(5):147-158.

[55] 李安海. 基于钛合金高速铣削刀具失效演变的硬质合金涂层刀具设计与制造. 济南：山东大学博士学位论文, 2013.

[56] 谷万龙. 钛合金的金刚石精密切削技术研究. 哈尔滨：哈尔滨工业大学硕士学位论文, 2012.

[57] 姜增辉, 王琳琳, 石莉, 等. 硬质合金刀具切削Ti6Al4V的磨损机理及特征. 机械工程学报, 2014, 50(1):178-184.

[58] 王其琛, 明伟伟, 安庆龙, 等. 铣削高强度钛合金TC18的刀具磨损机理. 上海交通大学学报, 2011, 45(1):19-24.

[59] 高敬, 姚丽. 国内外钛合金研究发展动态. 世界有色金属, 2001, (2):4-7.
[60] Lee K Y, Kang M C, Jeong Y H, et al. Simulation of surface roughness and profile in high-speed end milling. Journal of Materials Processing Technology, 2001, 113(1-3):410-415.
[61] 李洪波, 文杰, 李红涛. 微铣削表面粗糙度实验研究. 武汉理工大学学报, 2010, (14): 187-191.
[62] 黄燕华, 董申. 介观尺度心轴的表面粗糙度预测模型建立及参数优化. 机械工程学报, 2011, 47(3):174-178.
[63] 姚倡锋, 武导侠, 靳淇超, 等. TB6钛合金高速铣削表面粗糙度与表面形貌研究. 航空制造技术, 2012, 417(21):90-93.
[64] 姚倡锋, 张定华, 黄新春, 等. TC11钛合金高速铣削的表面粗糙度与表面形貌研究. 机械科学与技术, 2011, 30(9):1573-1578.
[65] Bordin A, Bruschi S, Ghiotti A. The effect of cutting speed and feed rate on the surface integrity in dry turning of CoCrMo alloy. Procedia Cirp, 2014, 13:219-224.
[66] Chen J C, Huang B. An in-process neural network-based surface roughness prediction (INN-SRP) system using a dynamometer in end milling operations. International Journal of Advanced Manufacturing Technology, 2003, 21(5):339-347.
[67] 王洪祥, 李旦. 超精密车削表面粗糙度预测模型的建立. 高技术通讯, 2000, 10(3):77-82.
[68] 武文革, 刘丽娟, 范鹏, 等. 基于响应曲面法的高速铣削Ti6Al4V表面粗糙度的预测模型与优化. 制造技术与机床, 2014, (1):39-43.
[69] 杨树财, 杨松涛, 郑敏利, 等. Q235钢电机壳体拉深成形的数值模拟及应用. 航空精密制造技术, 2014, (1):27-30.
[70] Liu C R, Barash M M. The mechanical state of the sublayer of a surface generated by chip-removal process. Journal of Engineering for Industry, 1976, 98(4):1202.
[71] 张为, 郑敏利, 徐锦辉, 等. 钛合金Ti6Al4V车削加工表面硬化实验. 哈尔滨工程大学学报, 2013, (8):1052-1056.
[72] Wardant T I, Kishawy Y H A, Elbestaw I M A. Surface integrity of diematerial in high speed hard machining. Part 1: Micro hardness and residual stress. Journal of Manufacturing Science Engineering, 2000, 122(11): 632-641.
[73] 蒋克强. 高速铣削参数对加工表面质量影响的初步研究. 武汉: 华中科技大学硕士学位论文, 2009.
[74] 李德宝. 金属切削中工件表层加工硬化模拟. 工具技术, 2004, 38(4):14-16.
[75] 孙厚忠. PCD刀具高速铣削钛合金表面完整性研究. 南京: 南京航空航天大学硕士学位论文, 2012.
[76] Soo S L, Hood R, Aspinwall D K, et al. Machinability and surface integrity of RR1000 nickel based superalloy. CIRP Annals - Manufacturing Technology, 2011, 60(1):89-92.

[77] Jiang B, Yang S C, Yang Y J, et al. Cluster analysis on vibration characteristic in high speed ball-end milling hardened steel. Advanced Materials Research, 2011, 188:145-149.

[78] 唐志涛, 刘战强, 艾兴. 高速铣削加工铝合金表面残余应力研究. 中国机械工程, 2008, 19(6):699-703.

[79] 吴红兵, 刘刚, 柯映林, 等. 钛合金的已加工表面残余应力的数值模拟. 浙江大学学报(工学版), 2007, 41(8):1389-1393.

[80] Li W, Withers P J, Axinte D, et al. Residual stresses in face finish turning of high strength nickel-based superalloy. Journal of Materials Processing Technology, 2009, 209(10):4896-4902.

[81] Sasahara H. The effect on fatigue life of residual stress and surface hardness resulting from different cutting conditions of 0.45%C steel. International Journal of Machine Tools & Manufacture, 2005, 45(2):131-136.

[82] Caruso S, Umbrello D, Outeiro J C, et al. An experimental investigation of residual stresses in hard machining of AISI 52100 steel. Procedia Engineering, 2011, 19(6):67-72.

[83] Lin Z C, Lin Y Y. Fundamental modeling for oblique cutting by thermo-elastic-plastic FEM. International Journal of Mechanical Sciences, 1999, 41(8):941-965.

[84] 牟涛. 高速铣削钛合金 Ti6Al4V 的刀具磨损研究. 济南：山东大学硕士学位论文, 2009.

[85] 陈建军. 硬质合金涂层立铣刀高速铣削钛合金切削性能研究. 哈尔滨：哈尔滨理工大学硕士学位论文, 2014.

[86] 赵剑波. 钛合金插铣切削力及切削热理论与实验研究. 天津：天津大学硕士学位论文, 2007.

[87] Li A, Pei Z, Wang Z. Progressive tool failure in high-speed dry milling of Ti6Al4V alloy with coated carbide tools. International Journal of Advanced Manufacturing Technology, 2012, 58(5-8):465-478.

[88] 刘暐, 唐健, 贺连梁, 等. 刀具角度对 TC4 钛合金切削力的影响. 工具技术, 2014, 48(5):17-20.

[89] 舒畅. 高速铣削钛合金的切削温度研究. 南京：南京航空航天大学硕士学位论文, 2005.

[90] 李明艳. 高速切削温度场的有限元数值模拟. 青岛：山东科技大学硕士学位论文, 2005.

[91] 王晓亮. TC4 钛合金切削温度的研究. 沈阳：沈阳理工大学硕士学位论文, 2013.

第 2 章　精密切削钛合金刀具刃口作用机理

钛合金属于难加工材料，尤其是在钛合金精密切削中，对刀具的各项性能提出了较高的要求。在金属切削过程中，刀具刃口对切屑形态、切屑形状以及切削过程中力热特性都具有重要影响，特别是在金属去除量较小时，刀具刃口在一定程度上决定着切屑的形成过程。在精密切削加工中，刀具刃口（刃尖或是刃线）与工件接触，刃口和工件构成一对矛盾副，刀具参与切削部分主要集中在刃口及其邻近区域内。刃口及其邻近区域内的物理性能、机械强度、几何参数对切屑的形成以及切削过程力热特性将起到至关重要的作用。

本章围绕精密切削钛合金刀具刃口作用机理进行阐述，主要内容包括通过钛合金切削试验对刀具刃口性能进行评价，刀具刃口对钛合金精密切削切屑形成过程影响及力学特性研究，钛合金精密切削刀具刃口刃形保持性研究等。

2.1　钛合金切削刀具刃口性能评价

在精密加工钛合金时，通常切削深度很小，当进给量和切削深度与切削刃刃口半径之比小到一定程度时，随着进给量和切削深度的逐渐减小，与刀-屑接触面积相比，刀-工件接触面积逐渐增大，这时刀具刃口钝圆或倒棱起主要切削作用，刀具刃口在一定程度上决定着切屑的形成过程[1]。

2.1.1　试验条件

1. 工件材料及参数

试验材料为目前使用较为广泛的α+β型两相型钛合金 Ti6Al4V，尺寸为直径 100mm、长 200mm，其化学成分及力学性能具体参数如表 2.1 和表 2.2 所示。

表 2.1　Ti6Al4V 化学成分

名义化学成分	主要成分（质量分数）/%				杂质（质量分数）/%			
	Ti	Al	V	Fe	C	O	N	H
Ti6Al4V	余量	6.1	4.1	0.12	0.01	0.14	0.01	0.001

表 2.2　Ti6Al4V 的室温力学性能

牌号	室温力学性能				
	抗拉强度 R_m/MPa	屈服强度 $R_{p_{0-2}}$/MPa	断后伸长率 A_{4D}/%	断面收缩率 Z/%	弹性模量/MPa
TC4	915	845	13	39	114

2. 刀具材料

试验选用刀具材料为株洲钻石切削刀具股份有限公司生产的 YG6 无涂层硬质合金刀具，刀具前角为 11°，后角为 7°。

2.1.2　试验方法

首先进行常规切削条件下切屑形成试验研究。试验时采用不同切削速度 v、不同进给量 f、不同切削深度 a_c。采用控制变量法得到不同切削条件下的切屑形态。切削试验参数如表 2.3 所示。

表 2.3　单因素试验 1 切削参数

切削速度 v/(m/min) （f=0.1mm/r, a_c=1mm）	60	80	100	120
进给量 f/(mm/r) （v=100m/min, a_c=1mm）	0.1	0.15	0.2	0.24
切削深度 a_c/mm （v=100m/min, f=0.1mm/r）	0.5	1.0	1.5	1.8

其次在常规切削条件下的钛合金切屑形成研究基础上，进行精密切削钛合金试验，以研究刃口对精密切削的作用机理。切削参数固定不变，改变刀具刃口几何参数，进行刃口作用下切屑形状试验研究。切削试验参数如表 2.4 所示。

表 2.4　单因素试验 2 切削参数及刀具几何参数

试验号	1	2	3	4	5	6	7	8	9
倒棱角度/(°)	-10	-10	-10	-20	-20	-20	-30	-30	-30
倒棱宽度/mm	0.1	0.15	0.2	0.1	0.15	0.2	0.1	0.15	0.2
切削参数	v=100m/min, f=0.1mm/r								
试验号	10	11	12	13	14	—	—	—	—
刃口钝圆半径/mm	0.02	0.04	0.06	0.08	0.1				
切削参数	v=100m/min, f=0.04mm/r								

2.2 刀具刃口对钛合金精密切削切屑形成过程影响

刀具刃口对工件的加工质量有很大影响,在一定程度上决定着切屑的形成过程和切屑形状。切削刃刃口钝圆半径将明显影响切削变形、切屑形成与形状、已加工表面粗糙度和波纹度等。

2.2.1 钛合金切削切屑形状

进给量对切屑形态的影响比较显著,切屑形状变化较为明显,形成复杂的螺卷状切屑,而切削速度对切屑形态的影响相对较小。虽然钛合金在切削过程中很难断屑,但可通过调节进给量来控制切屑的形状。不同切削速度和不同进给条件下的切屑形状如图 2.1 和图 2.2 所示。

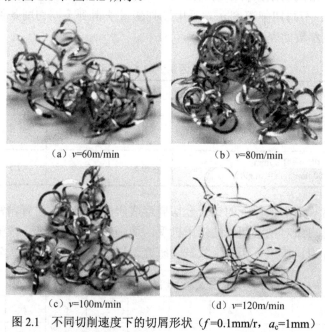

(a) v=60m/min (b) v=80m/min

(c) v=100m/min (d) v=120m/min

图 2.1 不同切削速度下的切屑形状（f=0.1mm/r,a_c=1mm）

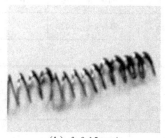

(a) f=0.1mm/r (b) f=0.15mm/r

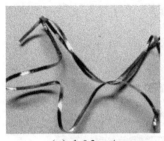 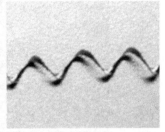

(c) f=0.2mm/r　　　　(d) f=0.24mm/r

图 2.2　不同进给条件下的切屑形状（v=100m/min，a_c=1mm）

2.2.2　钛合金切削切屑微观形态与几何特征分析[2]

1. 钛合金切削切屑微观形态

收集切屑，制成金相试样。采用扫描电镜拍摄的进给量为 0.2mm/r 的切屑形貌如图 2.3 所示，切屑与前刀面非接触面如图 2.3（a）所示，切屑与前刀面直接接触的面如图 2.3（b）所示。钛合金切削过程为绝热剪切，因此切屑形状为锯齿状。

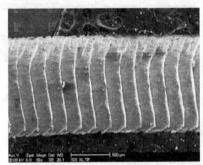 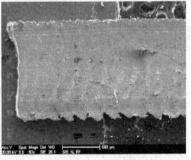

(a) 切屑与前刀面非接触面　　　　(b) 切屑与前刀面直接接触面

图 2.3　切屑 SEM 照片（v=100m/min，f=0.2mm/r，a_c=1mm）

2. 钛合金切削切屑几何特征分析

钛合金切削锯齿形切屑的几何特征如图 2.4 所示，齿间距为 L，齿高为 h，切屑厚度为 H，齿厚为 h_1，齿顶角为 θ。钛合金周期性锯齿形切屑的形成会引起切削力周期性的波动，也会影响工件已加工表面质量和刀具寿命，从而制约了加工效率。

在钛合金切削试验的基础上，采用金相显微镜和 SEM 观测切屑微观形貌与几何特征，分析切削参数对切屑生成频率的影响以及锯齿屑几何特征的影响。锯齿形切屑的锯齿化程度可以表示为

$$G_s = \frac{H - h_1}{H} \tag{2.1}$$

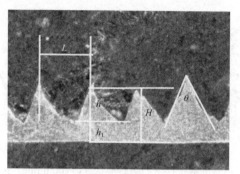

图 2.4 锯齿形切屑的几何特征

1）切削速度对锯齿屑几何特征的影响

锯齿形切屑形貌几何特征随切削速度变化如图 2.5 所示。

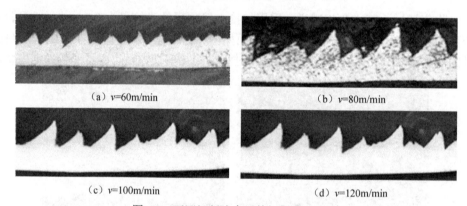

图 2.5 不同切削速度下的切屑微观形貌

在低速切削的情况下将产生不规则的锯齿屑，并且随切削速度增加，锯齿越来越明显，其原因为在高速切削条件下，变形区域局部剪切现象严重，导致切削层金属发生非均匀变形。切削速度进一步提高，还会导致剪切区的迅速破坏，锯齿形切屑的齿距增大。

随着切削速度的提高，主变形区的应变速率增大，切削温度迅速升高，材料的热塑性失稳现象更加明显。因此，齿间距、齿高还有切屑厚度都明显增加，但随着切削速度的增大，齿顶角变化不明显，基本保持在 51° 左右。切削速度对切屑几何特征的影响如图 2.6 所示。

2）进给量对锯齿屑几何特征的影响

锯齿形切屑形貌随进给量变化如图 2.7 所示。随进给量的增加，锯齿越来越明显，齿形也有增大的趋势，锯齿间连接减少，锯齿单元有分离的趋势。

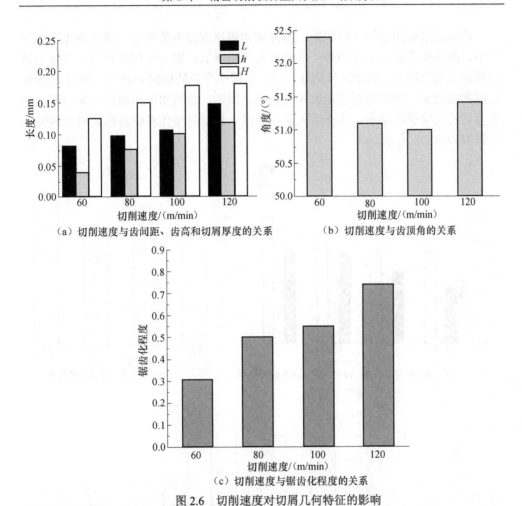

图 2.6 切削速度对切屑几何特征的影响

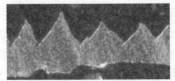

图 2.7 不同进给量下的锯齿屑微观形貌

随着进给量的增加,齿间距、齿高和切屑厚度都不断增加,齿顶角先增加后减小,但总体还是呈上升趋势;进给量进一步增加,锯齿化程度加深。其原因是随着进给量的增加,切削深度增加,切削过程中产生的切削热增加,但刀-屑接触长度相应增加,所以切屑带走的热量也随之增加,故剪切区的温度增加缓慢,绝热剪切的发生速率减小,从而增大锯齿单元。进给量变化对锯齿形切屑几何特征的影响如图2.8所示。

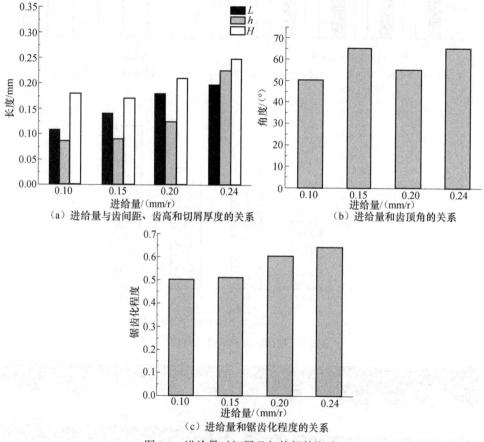

图2.8 进给量对切屑几何特征的影响

3) 切削深度对锯齿屑几何特征的影响

锯齿形切屑形貌随切削深度的变化如图 2.9 所示。切削深度对切屑微观形貌的影响不是很大。切削深度变化对锯齿形切屑形貌几何特征的影响如图2.10所示。随着切削深度的增加,齿间距、齿高和切屑厚度变化幅度不大。齿顶角变化平缓,稳定在 53°左右。锯齿形切屑生成频率和锯齿化程度有增大趋势,但变化幅度不大,锯齿化程度稳定在 0.54~0.57。

第 2 章 精密切削钛合金刀具刃口作用机理

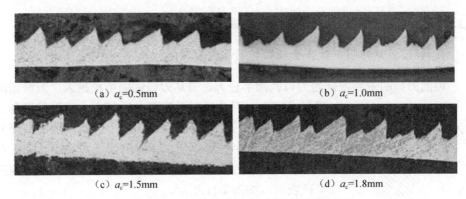

图 2.9 不同切削深度下的切屑微观形貌

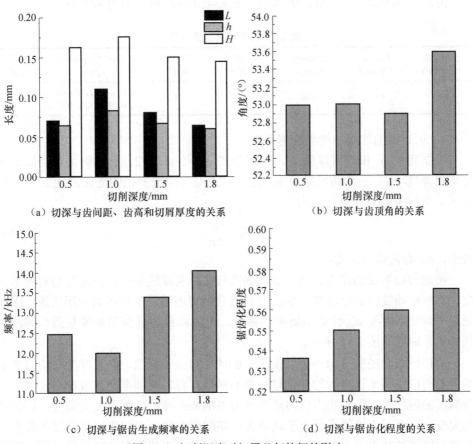

图 2.10 切削深度对切屑几何特征的影响

2.2.3 同类型刃口对切削钛合金切屑形成过程分析

1. 钝圆刃口作用下钛合金精密切削切屑形成分析

钝圆刃口的主要表征为刃口钝圆半径 r_n。刀具刃口钝圆半径越大,刀具切削刃强度越大;刀具切削刃钝圆半径越小,刀具越锋利。刃口是由刃磨前、后刀面而得到的。选用合适的高速刀具切削刃钝圆半径可以使加工时的切削力更小、刀具寿命更长。切削刃的锋利性用刃口圆弧半径即切削刃钝圆半径表示,如图 2.11 所示。

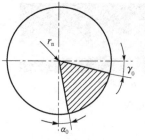

图 2.11 钝圆刃

在干切条件下,对不同刃口半径高速精加工钛合金切削过程进行仿真分析,切削仿真分析参数如表 2.5 所示。仿真中,当 r_n=0.01mm 时,刀刃为锐刃。

表 2.5 数值仿真分析参数

切削速度 v/(m/min)	进给量 f/(mm/r)	切削深度 a_c/mm	刀具前角 γ_0/(°)	刀具后角 α_0/(°)	刃口钝圆半径 r_n/mm	冷却方式
100	0.04	0.04	11	7	0.01, 0.02, 0.04, 0.06, 0.08, 0.1	干切

1)刃口钝圆作用下切屑变形系数

根据齿厚 h_1 和切屑厚度 H,应用公式 $a'_{ch}=(h_1+H)/2$,获得锯齿形切屑的平均切屑厚度 a'_{ch}。平均切屑厚度 a'_{ch} 随着刀具刃口钝圆半径的变化曲线如图 2.12 所示。变形系数的计算公式为

$$\xi = \frac{a'_{ch}}{\Delta a} \tag{2.2}$$

式中,Δa 为切除层厚度。

考虑刃口半径的作用影响,切削深度与切除层厚度不等,在进行切屑变形系数计算时应该使用切除层厚度Δa;并且钛合金切削过程中形成锯齿形切屑,因此采用平均切屑厚度 a'_{ch} 计算切屑变形系数。进而得到切屑变形系数与刃口钝圆半径的关系曲线如图 2.13 所示。

刃口钝圆半径在 0.01~0.04mm 与 0.04~0.1mm 范围,切屑厚度与切屑变形系数随刃口钝圆半径增加的变化趋势并不相同。刃口钝圆半径为 0.04mm 时与切削深度的值相等,说明当刃口钝圆半径为 0.04mm 时,切削力发生突变,则该点为突变点。而刃口钝圆半径小于或者大于切削深度时,刃口作用机理发生改变。当刃口钝圆半径小于 0.04mm 时,刃口半径越小,刀-屑接触长度越长,第二变形区范围就增大,进而导致刃口钝圆半径增大时,切屑厚度随刃口钝圆半径的变化

而显著变化。当刃口钝圆半径大于 0.04mm 时,刀屑接触长度减小,第二变形区范围减小,如图 2.14 所示。由图可以看出等效应力的分布状态,由于等效应力的分布直接反映塑性变形区的分布,所以最大塑性变形位置逐渐由刃尖处靠前刀面的位置向刃尖处靠后刀面位置移动。此时,切屑变形主要发生在主剪切区和第三变形区,因此,当刃口钝圆半径发生改变时,切屑厚度变化并不明显。

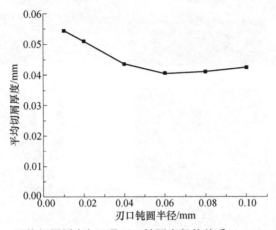

图 2.12　平均切屑厚度与刀具刃口钝圆半径的关系（a'_{ch}=0.04mm）

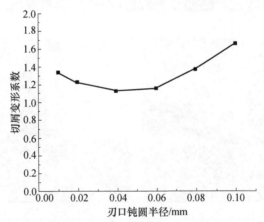

图 2.13　切屑变形系数与刃口钝圆半径的关系（a'_{ch}=0.04mm）

同时,当刃口钝圆半径大于 0.04mm 时,切屑厚度明显小于刃口半径在 0.01～0.04mm 范围内的切屑厚度,这是由于随着刃口半径的增加,实际的切削过程变为负前角切削。此时,负前角切削现象加剧,导致切削刃口与工件发生强烈的挤压和摩擦作用,由于钛合金的弹性模量比一般金属小得多,工件材料向后刀面流动形成已加工表面的材料增加,参与塑性变形的工件材料减小,从而导致切削深度减小。

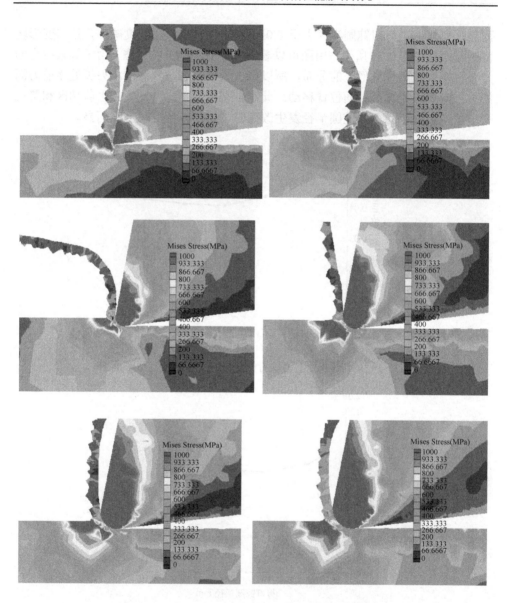

图 2.14 不同刃口钝圆半径下接触关系及等效应力分布

当刃口钝圆半径增加时,切屑形成时的分流点位置发生改变。研究结果表明:分流点(图 2.15 中 O 点)高度随切削刃口钝圆半径的增大而增大[3],引起切除层厚度减小。因此,当 r_n 大于 0.04mm 时,随着 r_n 的增大,切屑变形系数增大。

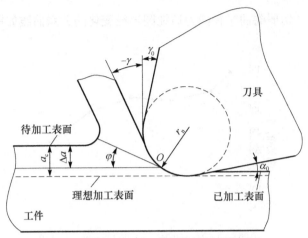

图 2.15　刃口钝圆作用切削模型

2）刃口钝圆作用下剪切角

剪切角是剪切滑移面与切削速度间的夹角，是切削机理研究中一个很重要的参数，其大小直接决定金属切削变形的大小，直接影响切屑的形态和切削力等。切削过程剪切角测量示意图如图 2.16 所示。测量不同刃口钝圆半径的剪切角得到的变化曲线如图 2.17 所示。

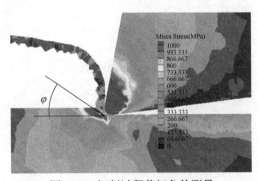

图 2.16　切削过程剪切角的测量

随着刃口钝圆半径的增加，剪切角逐渐变小。其原因为随着刃口钝圆半径的增加，切削过程中实际前角变为负值，从而导致切削刃与工件的接触面积增大，切屑沿刃口流动，刀具与工件以及刀具和切屑之间发生强烈的挤压和摩擦作用，剪切作用的影响相对减小，故剪切角减小。剪切角大小为 20°～40°。

3）钝圆刃刀具作用下钛合金切屑卷曲形状

目前，从切屑形成机理研究切屑的方法无法满足切屑的处理和运输要求，因此需要对切屑的形状进行研究。不同刀具刃口钝圆半径下的切屑形状和卷曲形状如图 2.18 所示。切屑卷曲半径随刃口钝圆半径变化的关系曲线如图 2.19 所示。

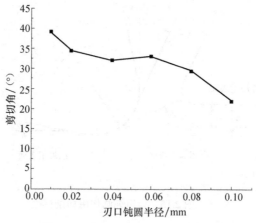

图 2.17　剪切角与刃口钝圆半径的关系

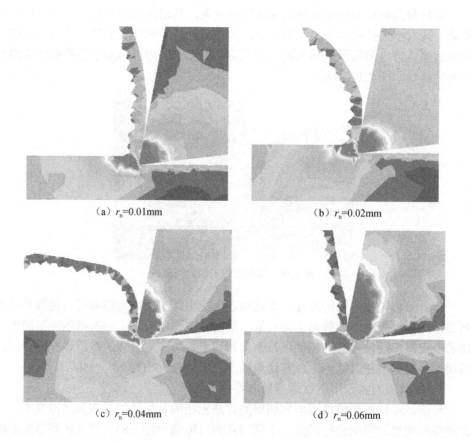

（a）r_n=0.01mm　　　　　　　　（b）r_n=0.02mm

（c）r_n=0.04mm　　　　　　　　（d）r_n=0.06mm

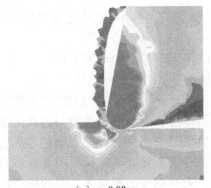 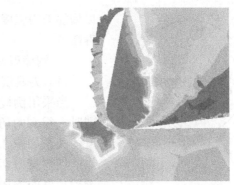

(e) r_n=0.08mm　　　　　　　(f) r_n=0.1mm

图 2.18　切屑卷曲状态

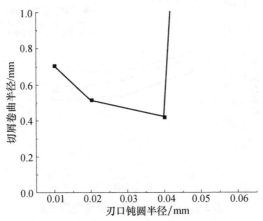

图 2.19　切屑卷曲半径与刃口钝圆半径的关系

当刃口钝圆半径小于等于 0.04mm 时（切削深度为 0.04mm，且保持恒定不变），随着刃口半径的增大，切屑形成的卷曲半径减小。但当刃口钝圆半径大于 0.04mm 时，切屑形成的卷曲半径出现突变，切屑沿刃口钝圆的切屑方向流出，切屑卷曲半径趋近于无穷大。其原因是在刃口钝圆半径小于 0.04mm 的情况下切屑沿前刀面流出，实际前角为正值；当刃口半径大于等于切削深度（0.04mm）时，刃口钝圆半径明显改变了刀-工和刀-屑接触关系，切削刃与工件的接触面积增大，切屑沿刃口流动，实际前角变为负值，且随刃口半径的增大而增大，切削刃口与工件发生强烈的挤压和摩擦作用，挤压和摩擦作用力增大，使切屑外侧的流出速度大于内侧的流出速度，从而导致切屑发生逆向卷曲。

2. 倒棱刃口作用下钛合金精密切削切屑形成分析

在正前角刀片上，负前角所在的平面称为负倒棱，如图 2.20 所示。该结构可

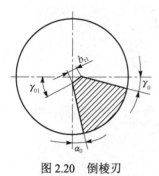

图 2.20 倒棱刃

以增加刀刃强度,改善散热条件,从而提高刀具的使用寿命。

1)倒棱刃刀具作用下钛合金切屑变形

(1)刀具倒棱作用下切屑变形系数。

当采用倒棱刀具进行钛合金 Ti6Al4V 二维精密切削时,得到的切屑厚度和切屑变形系数与刀具倒棱角度的关系如图 2.21 和图 2.22 所示。随着倒棱角度的增加,切屑变薄切屑变形系数减小。其原因是随着刀具倒棱角度的增加,刀具倒棱面和切屑之间的挤压作用增大,切屑变形速率不一致,故切屑厚度减小,切屑变形系数减小。

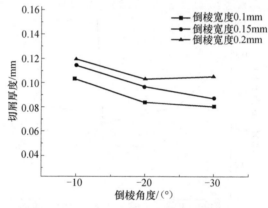

图 2.21 切屑厚度与倒棱角度的关系

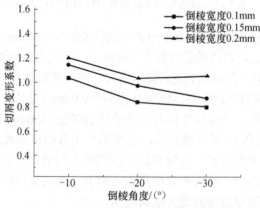

图 2.22 切屑变形系数与倒棱角度的关系

刀具倒棱宽度对切屑厚度和切屑变形系数的影响如图 2.23 和图 2.24 所示。随着倒棱宽度的增加,切屑厚度增大,切屑变形系数增大。其原因是随着倒棱宽度的增加,刀-屑接触长度增加,刀-屑之间的摩擦作用增强,切屑变形加剧,切屑厚度增大,切屑变形系数增大。

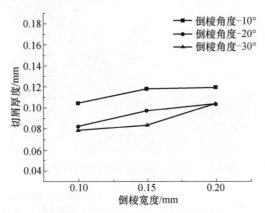

图 2.23　切屑厚度与倒棱宽度的关系

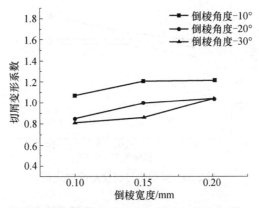

图 2.24　切屑变形系数与倒棱宽度的关系

（2）刀具倒棱作用下剪切角。

采用倒棱刀具切削时的剪切角测量示意如图 2.25 所示。不同倒棱角度和倒棱宽度下得到的剪切角如图 2.26 与图 2.27 所示。

随着刀具倒棱角度的增加,剪切角出现增大的趋势,其原因是随着倒棱角度的增加,刀具倒棱和工件之间的挤压作用增强,工件材料发生剪切作用的影响相应增加,故剪切角变大。如图 2.27 所示,随着倒棱宽度的增加,剪切角减小,主要原因是随着倒棱宽度的增加,刀-屑接触长度增加,刀-屑之间的挤压摩擦作用增强,切屑变形加剧,剪切作用的影响相应减小,故剪切角减小。剪切角的大小为 30°～35°。

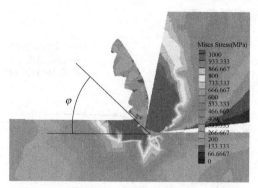

图 2.25　倒棱刀具切削时的剪切角的测量

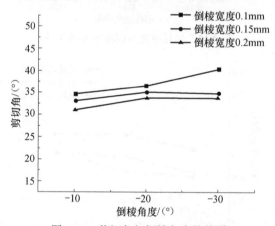

图 2.26　剪切角与倒棱角度的关系

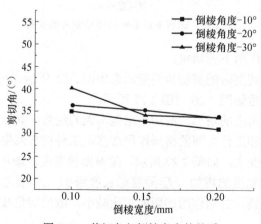

图 2.27　剪切角与倒棱宽度的关系

2）倒棱刃刀具作用下钛合金切屑卷曲形状

刀具倒棱角度与倒棱宽度对切屑卷曲形态的影响如图 2.28 所示。随着倒棱角度的增加，切屑卷曲半径减小。其原因是随着倒棱角度的增加，刀具与工件的挤压摩擦作用增强，切屑流出时受到的摩擦作用加剧，切屑的卷曲程度增加，切屑卷曲半径减小。当倒棱宽度增加时，切屑与刀具的接触长度增加，刀具倒棱与切屑的摩擦作用加剧，沿倒棱方向的摩擦力显著增加，使切屑以极大的速度沿倒棱方向流出。

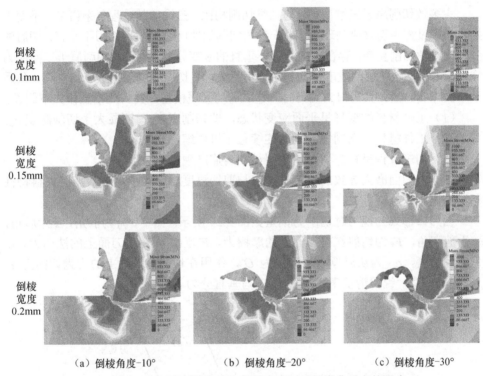

(a) 倒棱角度-10°　　　　(b) 倒棱角度-20°　　　　(c) 倒棱角度-30°

图 2.28　刀具倒棱角度与倒棱宽度对切屑卷曲形态的影响

与倒棱角度相比，倒棱宽度对切屑卷曲状态与流向影响较大，倒棱宽度的变化明显改变了切屑的流出方向，其原因是刃口倒棱宽度的改变对刀-屑接触长度的影响较大。倒棱角度和倒棱宽度均能明显改变切屑的形状，其原因是倒棱角度和倒棱宽度的变化，明显改变了切屑的流出方向和卷曲形态，进而影响了切屑的形状。

2.3　精密切削钛合金刃口作用力学特性研究

切削过程中，切削层金属、切屑和工件表层金属的弹塑性变形以及切削过程中的刀-屑、刀-工摩擦作用构成了切削力。切削力直接影响着切削温度、切屑形态、刀具磨损及已加工表面质量。尤其是在钛合金精密切削时，刃口上的作用力可达到总作用力的 70%。因此，在精密切削钛合金过程中，刀具刃口作用下切削力特性的研究具有重要的意义。

2.3.1 精密切削钛合金刃口作用切削力模型

1. 经典二维正交切削模型

大多数切削属于三维切削。与二维切削相比，三维切削过程复杂得多，不便于揭示切削过程中切屑流动现象。由于斜角切削的速度方向与切削刃不垂直，切屑的变形比直角切削复杂，存在与切削刃不垂直的应变分量，故斜角切削属于三向应力应变。由于直角切削的速度方向与切削刃垂直，其切屑的变形垂直于切削刃，故属于平面应变。当刀具刃口为锐刃时，建立剪切区域模型，并对此模型作如下假设：

（1）工件材料的变形呈平面应变状态，即切削宽度 a_w 明显大于切削深度 a_c；

（2）工件材料各向同性，均质连续且不可压缩；

（3）切削过程呈稳态切削，无明显积屑瘤产生；

（4）后刀面磨损导致的温度升高值与剪切温度相比较小，对剪切区材料特性影响作用予以忽略。

当刃口形式为锐刃时切削力模型如图 2.29 所示。图中，γ_0 为前角，α 为后角，φ 为剪切角，F_f 为切屑在前刀面上的摩擦力，F_n 为切屑在前刀面上的法向力，a_c 为切削深度，a_{ch} 为切屑厚度，刀尖为 O'，作用在切屑剪切面上的力为切向力 F_s 与法向力 F_{ns}，锐刃情况下主切削力 F_z 与垂直分力 F_{xy}。

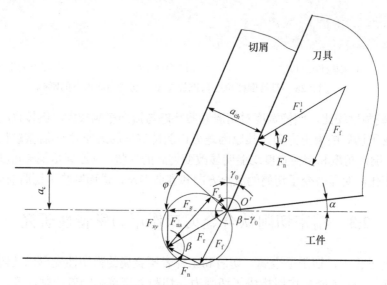

图 2.29 锐刃的二维直角切削模型

前刀面上作用力可以用主切削力与垂直分力表示为

$$\begin{cases} F_f = F_z \sin\gamma_0 + F_{xy} \cos\gamma_0 \\ F_n = F_z \cos\gamma_0 - F_{xy} \sin\gamma_0 \end{cases} \quad (2.3)$$

则作用在剪切面上的作用力可表示为

$$\begin{cases} F_s = F_z \cos\varphi - F_{xy} \sin\varphi \\ F_{ns} = F_{xy} \sin\varphi + F_z \sin\varphi \end{cases} \quad (2.4)$$

由于钛合金属于塑性材料,材料的失效准则服从第三强度理论。根据第三强度理论,当 $\tau_{max} = (\sigma_1 - \sigma_2)/2$ 时,工件材料失效,形成切屑。此时 $\sigma_2 = 0$,则令

$$\tau_{max} = \frac{\sigma_1}{2} = k \quad (2.5)$$

于是切削力合力 F_r、主切削力 F_z 和垂直分力 F_{xy} 可以表示为

$$\begin{cases} F_r = \dfrac{F_s}{\cos(\varphi+\beta-\gamma_0)} = \dfrac{ka_c a_w}{\sin\varphi\cos(\varphi+\beta-\gamma_0)} \\ F_z = F_r \cos(\beta-\gamma_0) = \dfrac{ka_c a_w \cos(\beta-\gamma_0)}{\sin\varphi\cos(\varphi+\beta-\gamma_0)} \\ F_{xy} = F_r \sin(\beta-\gamma_0) = \dfrac{ka_c a_w \sin(\beta-\gamma_0)}{\sin\varphi\cos(\varphi+\beta-\gamma_0)} \end{cases} \quad (2.6)$$

2. 钝圆刃口作用下切削力模型

在经典正交切削模型中,均假设刀具刃口是锋利的,但由于刀具制备工艺的限制或实际加工中保证刀具切削刃的强度,刀具的刃口处都存在着刃口钝圆或刃口倒棱处理。刀具经过刃磨后总有一定的钝圆半径(一般为20～50μm),即便是刃磨得很锋利,在经过一段时间的切削后,切削刃也会迅速钝化。

刃口处由于存在刃口钝圆,在切削刃附近存在滑擦的现象,使得工件材料在切削刃附近受到负前角作用的影响,部分工件材料受挤压而通过刀具后刀面排出。在这种滑擦作用下,在刃口处存在一个力(定义为刃口作用力 F_e),如图2.30所示,此时剪切面作用力 F'_r 和刃口作用力 F_e 构成了切削合力。

由于刃口钝圆半径的作用,切削层金属分为两部分:一部分金属发生塑性变形,形成切屑,脱离工件;另一部分分流点以下的金属经过刀刃的熨压,产生一定的弹性恢复而成为已加工表面。由于刃口钝圆半径的作用,切削过程中的实际前角变为负值,切削过程伴随着强烈的挤压,刀具切削刃钝圆部分在刀具-切屑接触中所占的比例加大,由刀具切削刃钝圆半径所造成的附加变形量在总的切削变形量中占的比例也加大。

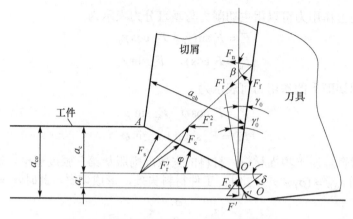

图 2.30　刃口钝圆作用下二维直角切削模型

在分流点 O 点处的实际前角为 γ_0'，在图 2.31 中有

$$\delta + \theta = \frac{\pi}{2}, \quad \gamma_0' + \theta = \frac{\pi}{2} \tag{2.7}$$

则

$$\delta = \gamma_0' \tag{2.8}$$

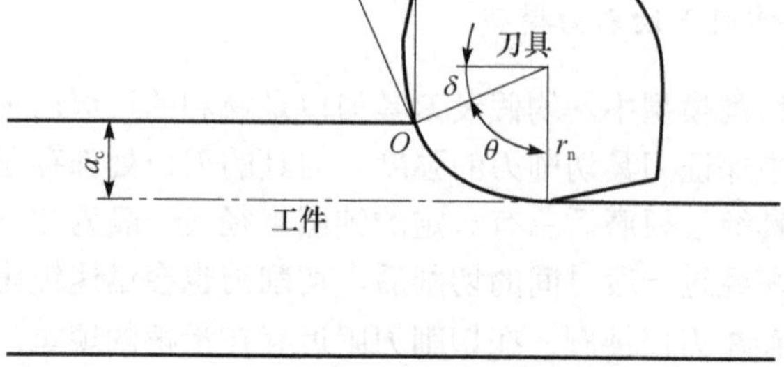

图 2.31　实际切削前角与圆心角

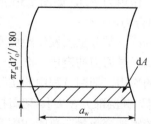

图 2.32　刃口钝圆微分单元面积

此时，刃口钝圆处的受力是由于刀具刃口钝圆压溃材料而需要的力，设定刃口作用区域为微分单元，如图 2.32 所示，则微分单元压溃破坏所需要的力可化为

$$\begin{cases} dF = \sigma \cos \gamma_0' dA \\ dN = \sigma \sin \gamma_0' dA \end{cases} \tag{2.9}$$

式中，σ 为工件材料的压缩屈服应力；δ 为刃口钝圆的圆心角；γ_0' 为实际前角；dF 为微分单元压溃时主切削力方向所需的力；dN 为微分单元压溃时垂直方向所需的力；dA 为微分单元在刀具上的接触面积。

$$A = \frac{a_w \gamma_0' \pi r_n}{180} \tag{2.10}$$

$$dA = \frac{a_w \pi r_n d\gamma_0'}{180} \tag{2.11}$$

式中，r_n 为刃口半径；A 为刃口区域 OO' 弧长对应面积。

主切削力 F' 和垂直方向的分力 N' 可以表示为

$$\begin{cases} F' = \int dF \\ N' = \int dN \end{cases} \tag{2.12}$$

取 γ_0' 的上限为 $\pi/2$，下限为 0，主切削力 F' 和垂直方向的分力 N' 可以表示为

$$\begin{cases} F' = \int_0^{\pi/2} \dfrac{\pi a_w r_n \sigma \cos\gamma_0'}{180} d\gamma_0' \\ N' = \int_0^{\pi/2} \dfrac{\pi a_w r_n \sigma \sin\gamma_0'}{180} d\gamma_0' \end{cases} \tag{2.13}$$

考虑前刀面流出的切屑，当刃口合力 F_e 不能忽略时，前刀面上的作用力与剪切面合力 F_r' 及刃口合力 F_e 的合力 F_r 平衡。

此时，刃口处的合力为切屑流向前刀面的部分所受到的力，部分切屑与剪切区产生的切屑一起流过前刀面，如图 2.33 所示。

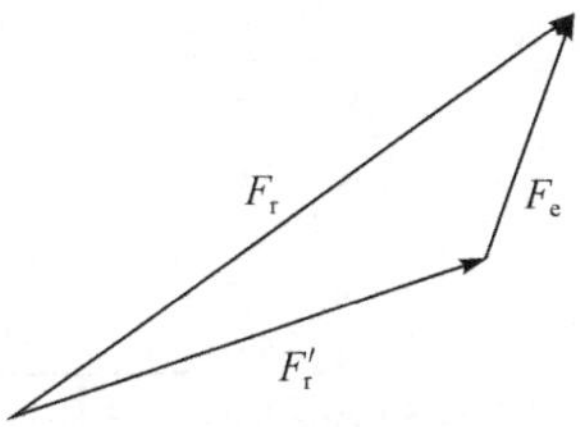

$$F_r = F_e + F_r' \tag{2.14}$$

图 2.33 考虑刃口钝圆作用切削力合成示意图

刃口钝圆作用下切削力可表示为

$$\begin{cases} F_{\text{合}}' = \int_0^{\pi/2} \dfrac{\pi a_w r_w \sigma \cos\gamma_0'}{180} d\gamma_0' + \dfrac{k a_c a_w \cos(\beta-\gamma_0)}{\sin\varphi \cos(\varphi+\beta-\gamma_0)} \\ N_{\text{合}}' = \int_0^{\pi/2} \dfrac{\pi a_w r_w \sigma \sin\gamma_0'}{180} d\gamma_0' + \dfrac{k a_c a_w \sin(\beta-\gamma_0)}{\sin\varphi \cos(\varphi+\beta-\gamma_0)} \end{cases} \tag{2.15}$$

考虑刃口钝圆作用力的情况下，切屑的流动方向附加了来自刃口钝圆处的作用力，从而有沿着刃口流出的趋势。考虑刃口钝圆作用切屑流出方向如图 2.34 所示。

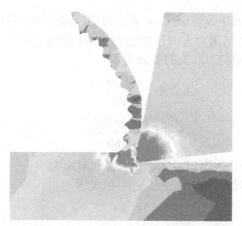

图 2.34 考虑刃口钝圆作用切削示意图

3. 倒棱刃口作用下切削力模型

在刃口倒棱处,刃口合力 F_e 可分解为平行于主切削方向的力 F' 和垂直于工件表面的力 N'。切削过程中切削力是由刀具施加于工件及切屑,但考虑刀具刃口作用时,在刃口处所受到的作用力是由于工件材料抵抗变形失效而反馈于刀具的,如图 2.35 所示。

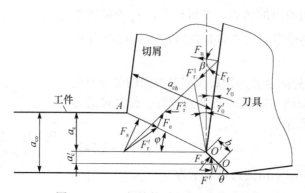

图 2.35 刃口倒棱的二维直角切削模型

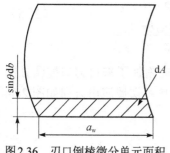

图 2.36 刃口倒棱微分单元面积

此时,刃口倒棱处的受力来源于倒棱压溃材料,设定刃口作用区域为微分单元,微分单元面积如图 2.36 所示,则微分单元压溃破坏所需要的力表示为

$$\begin{cases} dF = \sigma \sin\theta dA \\ dN = \sigma \cos\theta dA \end{cases} \quad (2.16)$$

式中，σ 为工件材料的压缩屈服应力；θ 为刃口倒棱与工件水平面所成角度；$\mathrm{d}F$ 为微分单元压溃时主切削力方向所需的力；$\mathrm{d}N$ 为微分单元压溃时垂直方向所需的力；$\mathrm{d}A$ 为微分单元在刀具上的接触面积。

刃口倒棱面积和微分单元在刀具上的接触面积可表示为

$$A = a_w b \sin\theta \tag{2.17}$$
$$\mathrm{d}A = a_w b \sin\theta \mathrm{d}b \tag{2.18}$$

式中，a_w 为切削宽度；b 为分流点以上倒棱宽度；A 为倒棱面积。

主切削力 F' 和垂直方向的分力 N' 可表示为

$$\begin{cases} F' = \int \mathrm{d}F \\ N' = \int \mathrm{d}N \end{cases} \tag{2.19}$$

取 b 的上限为 B，下限为 0，主切削力 F' 和垂直方向的分力 N' 可表示为

$$\begin{cases} F' = \int_0^B a_w \sigma b \sin^2\theta \mathrm{d}b \\ N' = \int_0^B a_w \sigma b \sin\theta \cos\theta \mathrm{d}b \end{cases} \tag{2.20}$$

考虑刃口钝圆作用下切削力可以表示为

$$\begin{cases} F'_{\text{合}} = \int_0^B a_w \sigma b \sin^2\theta \mathrm{d}b + \dfrac{k a_c a_w \cos(\beta - \gamma_0)}{\sin\varphi \cos(\varphi + \beta - \gamma_0)} \\ N'_{\text{合}} = \int_0^B a_w \sigma b \sin\theta \cos\theta \mathrm{d}b + \dfrac{k a_c a_w \sin(\beta - \gamma_0)}{\sin\varphi \cos(\varphi + \beta - \gamma_0)} \end{cases} \tag{2.21}$$

在刃口倒棱作用力下，切屑的流动方向附加了来自刃口倒棱处的作用力，从而有沿着刃口流出的趋势。考虑刃口倒棱作用切屑流出方向如图 2.37 所示。

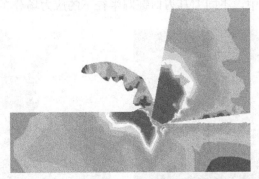

图 2.37　考虑刃口倒棱切削示意图

2.3.2 考虑刃口作用的钛合金精密切削有限元分析

1. 钝圆刃口作用下力学特性有限元分析

采用金属切削仿真软件 ThirdWave 进行刃口钝圆作用下切削力学特性研究。在相同切削参数下,不同刃口钝圆半径对主切削力的影响规律如图 2.38 所示。切削方式为直角二维切削,切削速度为 100m/min,切削深度为 0.04mm,并保持恒定不变,切削宽度为 3.5mm。

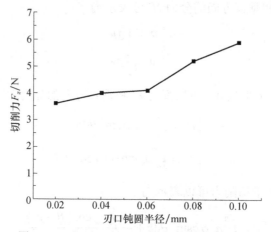

图 2.38 不同刃口钝圆半径下的切削力仿真值

当刃口钝圆半径小于切削深度(0.04mm)时,随刃口半径的增加,切削力增大,当刃口钝圆半径为 0.02mm 时,切削力达到最低。当刃口钝圆半径超过进给量时切削力升高,主要是因为随刃口半径增加,刀具的负前角切削效应增强,导致变形区的塑性变形显著增加,从而引起切削力增加。

在有限元仿真中,不同刀具刃口钝圆半径下的应力场分布状态如图 2.39 所

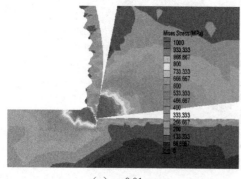

(a) r_n=0.01mm

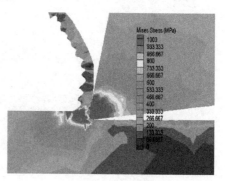

(b) r_n=0.2mm

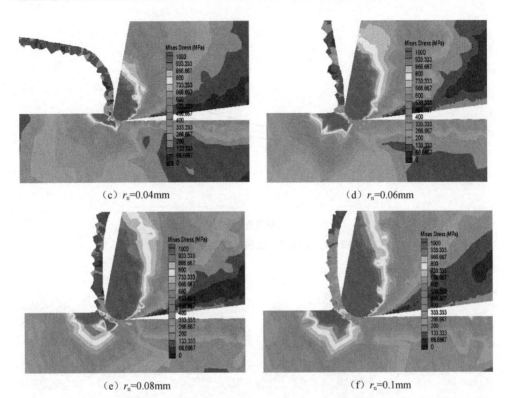

(c) r_n=0.04mm   (d) r_n=0.06mm

(e) r_n=0.08mm   (f) r_n=0.1mm

图 2.39　不同刀具刃口钝圆半径下的应力场分布状态

示。切削过程中的最高应力分布在靠近切削刃的后刀面上。随着刃口钝圆半径的增加，最高应力向后刀面处移动。其原因是随着刃口钝圆半径的增加，刀具以较大的负前角切削，切屑与刃口钝圆的接触位置改变，接触长度减小，最高应力的位置发生改变，切削形式向滑擦发展。

2. 倒棱刃口作用下力学特性有限元分析

不同刃口倒棱参数对主切削力的影响如图 2.40 所示。切削方式为直角二维切削，切削速度为 100m/min，进给量为 0.1mm/z，切削宽度为 0.04mm。

有限元仿真过程中，倒棱角度和倒棱宽度对应力分布的影响如图 2.41 所示。最大应力位于刀具倒棱面与后刀面接触的切削区域内。随着倒棱角度和倒棱宽度的增加，应力集中区域扩大。其原因是随着倒棱角度的增加，切削过程中的负前角增大，刀具和工件的挤压作用加剧，从而切削力升高。当倒棱宽度增加时，切屑和刀具倒棱的接触长度增加，刀-屑间的摩擦作用加剧，使切削力进一步增大。

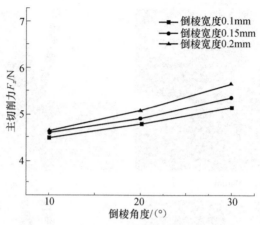

图2.40 不同刃口倒棱下的切削力仿真值

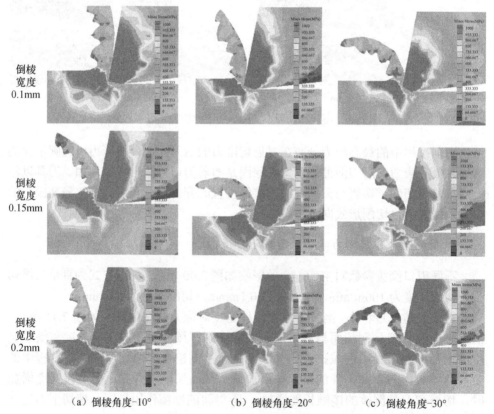

（a）倒棱角度-10°　　　　（b）倒棱角度-20°　　　　（c）倒棱角度-30°

图2.41 不同刃口倒棱（倒棱宽度与倒棱角度）下的切削应力场分布

2.3.3 精密切削钛合金力学特性试验研究

1. 刃口钝圆半径对切削力的影响

不同刃口钝圆半径对主切削力的影响规律如图 2.42 所示。切削方式为直角二维切削，切削速度为 100m/min，进给量为 0.04mm/z，切削宽度为 3.5mm。由于切削层参数增加，切屑变厚，刀具克服工件材料剪切失效所需要的作用力增大，所以在切削参数一定的条件下，切削力随着刃口钝圆半径的增加而增大。

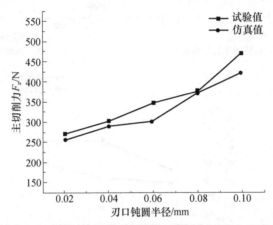

图 2.42 不同刃口钝圆半径下的切削力试验值与仿真值对比

切削力的试验结果表明：当刃口钝圆半径最小时，切削力最小；切削力随着刃口钝圆半径的增大而增大。切削力仿真值小于试验值的原因是，没有考虑刀具磨损及后刀面摩擦。

2. 刃口倒棱尺寸对切削力的影响

为验证刃口倒棱作用力的规律，刃磨了三种倒棱宽度、三种倒棱角度，共九种刀片，并对其进行了切削力试验，如图 2.43 所示。切削方式为直角二维切削，切削速度为 100m/min，进给量为 0.1mm/z，切削宽度为 3.5mm。由于倒棱角度的增大，切屑与刀具接触面积增大，从而摩擦力增大，导致切削抗力增大，进而导致切削力增大，所以刃口倒棱处的切削力随着倒棱角度的增大而增大。同时，刃口倒棱处的切削力随着倒棱宽度的增大而增大，并且刃口倒棱宽度越大，切屑流出时在刃口倒棱宽度上流出距离越远，切削力越大。

切削力的试验结果表明：切削力不仅随着刀具刃口倒棱角度的增大而增大，而且随着刃口倒棱宽度的增加而增加，由此说明在刃口作用范围内，刃口倒棱宽度及角度对切削力的影响很大。试验所测得的切削力略大于仿真结果的原因是，仿真没有考虑刀具磨损及后刀面摩擦。

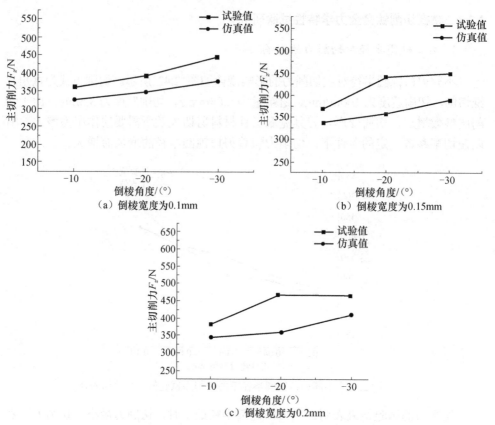

图 2.43 不同刃口倒棱作用下切削力试验值与仿真值对比

2.4 精密切削钛合金刀具刃口刃形保持性研究

钛合金以其强度高、力学性能及抗蚀性良好而广泛应用于航空工业等领域，是飞机发动机理想的制造材料。高强度、低导热性的钛合金膜盘为新型航空发动机的典型结构件之一。但由于钛合金化学性质活泼、导热性差等原因，极大程度上限制了其切削加工性。特别是在高效切削过程中，随着切削速度和进给量的提高，切削温度逐渐升高，从而加剧了刀具的磨损，导致钛合金膜盘件难于加工，成品率低。因此，针对钛合金膜盘加工特点，需要进行刀具材质及刃口刃形的优选。

2.4.1 刀具材料优选

1. 刀具材料优选流程

刀具优选过程如图 2.44 所示。

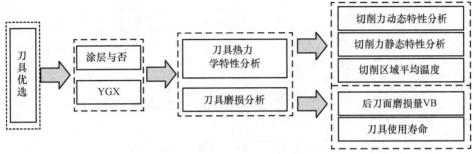

图 2.44　刀具优选过程

2. 切削试验条件

切削试验相关刀具参数、切削参数等如表 2.6 所示。

表 2.6　试验条件

刀片型号 参数	SNMG120408N-UP （简称 T1）	SNMG120408N-UP （简称 T2）	SNMG120408N-UP （简称 T3）	SNMG150608N-MM （简称 T4）	SNMG150608N-MM （简称 T5）	PCBN
刀尖半径	0.8mm	0.8mm	0.8mm	0.8mm	0.8mm	
材质	碳氮化钛涂层	氮化钛铝涂层	无涂层硬质合金	无涂层硬质合金	无涂层硬质合金	
切削	v=40～140 m/min a_c=1mm f=0.1mm/z	v=40～140 m/min a_c=1mm f=0.1mm/z	v=40～140 m/min a_c=1mm f=0.1mm/z	v=100m/min a_c=1mm f=0.1mm/z	v=100m/min a_c=1mm f=0.1mm/z	v=120～180 m/min a_c=0.05～0.15mm f=0.05～0.15 mm/z
冷却	干切	干切	干切	干切和乳化液	干切	干切
机床	CAK6150Di					

3. 优选涂层与无涂层刀具

采用涂层硬质合金刀具（T1、T2）和无涂层硬质合金刀具（T3）进行切削力试验。

1）切削力试验

除了在低速切削条件下，三种刀具切削力相差并不明显，刀具 T2、刀具 T3 切削时的切削力小于 T1。同时，在所选切削速度范围内，刀具 T2 的切削力变化较小。试验结果如图 2.45 所示。

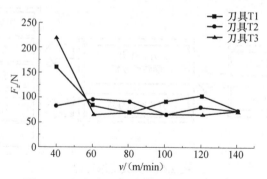

图 2.45 切削力对比分析（f=0.1mm/r, a_c=1mm）

2）切削温度试验

由于钛合金导热性差，切削温度高。当钛合金的切削温度高于 600℃时，刀具 T1 的切削温度高于刀具 T2、T3，而当切削速度小于 120m/min 时，刀具 T3 的切削温度低于刀具 T2，如图 2.46 所示。随着切削速度的增加，温度总体均呈上升趋势。当切削速度为 40~120m/min 时，在相同切削条件下，刀具 T3 的切削温度低于其他两种刀具。与刀具 T1、T3 相比，刀具 T2 的切削温度变化平缓，如图 2.47 所示。

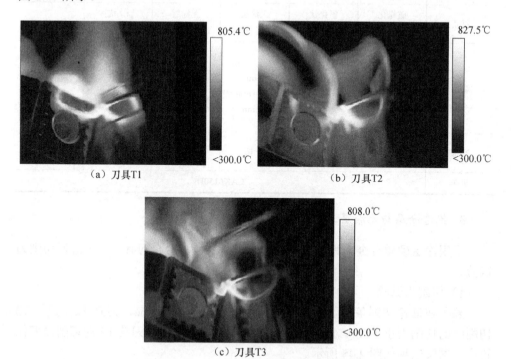

（a）刀具T1　　（b）刀具T2

（c）刀具T3

图 2.46　红外热像仪测量温度（v=80m/min）

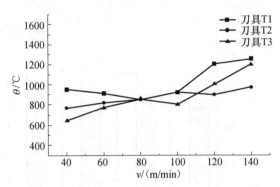

图 2.47 不同刀具切削速度与切削温度的关系

综合考虑切削力、温度、刀具磨损试验,无涂层硬质合金刀具 T3 优于涂层硬质合金刀具 T2 和 T1,但涂层硬质合金刀具 T1 和刀具 T2 的综合性能均明显优于无涂层硬质合金刀具 T3。

3)YGX

采用刀具 T4(YG6)和刀具 T5(YG8)进行切削力试验。

(1)切削力试验。

在相同切削条件下,切削力变化趋势一致,大小相差不多,但 YG6 的切削力要小于 YG8,如图 2.48 所示。

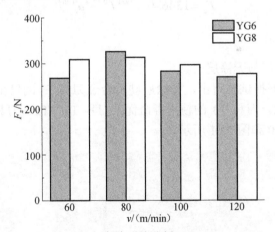

图 2.48 YG6 与 YG8 切削力对比分析(a_c=1mm,f=0.1mm/r)

(2)切削温度试验。

通过切削温度试验得出,YG6 的切削温度明显低于 YG8,结果如图 2.49 所示。综合考虑切削力、温度、刀具磨损试验结果,与 YG8 相比,YG6 更适合钛合金切削。

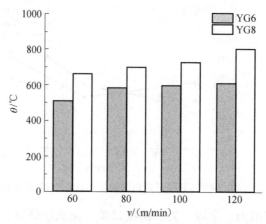

图 2.49　不同刀具切削速度与切削温度的关系

（3）刃口作用下的力学模型。

采用优选出的 YG6 进行钛合金正交切削试验,运用线性回归和最小二乘原理对切削力进行拟合，得到三向切削力的数学模型：

$$F_x = 21.4 v^{0.5773} f^{0.105} a_c^{0.8682} \tag{2.22}$$

$$F_y = 23.007 v^{0.6663} f^{0.4294} a_c^{0.6095} \tag{2.23}$$

$$F_z = 1346.4 v^{-0.1971} f^{0.3288} a_c^{0.5697} \tag{2.24}$$

4. 刀具磨损

1）优选涂层与无涂层刀具

根据刀具磨损试验得出，无涂层硬质合金刀具 T3 的磨损略小于涂层硬质合金刀具 T1、T2。刀具 T3 的使用寿命优于刀具 T1、T2。刀具刀面磨损及试验结果分别如图 2.50 和图 2.51 所示。

(a) 刀具T1

(b) 刀具T2

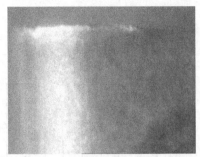
（c）刀具T3

图 2.50　刀具 T1、T2、T3 后刀面磨损（v=100m/min）

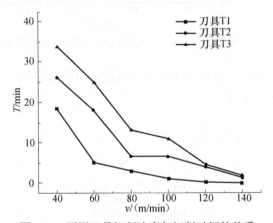

图 2.51　不同刀具切削速度与切削时间的关系

2）YGX

首先在相同切削条件下，测量刀具 T4（YG6）与刀具 T5（YG8）的后刀面磨损，如图 2.52 和图 2.53 所示。刀具 T4 后刀面磨损明显小于刀具 T5。在干切和乳化液冷却条件下进行对比试验分析，得到刀具 T4 前后刀面的磨损形貌，并通

（a）T4（YG6）

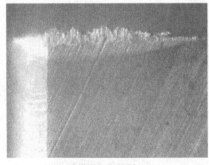
（b）T5（YG8）

图 2.52　刀具 T4、T5 后刀面磨损

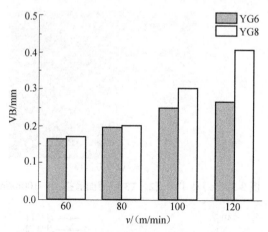

图 2.53　不同刀具切削速度与磨损宽度的关系

过能谱分析得到前刀面上元素含量的变化情况，如图 2.54 所示。刀具的磨损存在扩散磨损和氧化磨损现象。

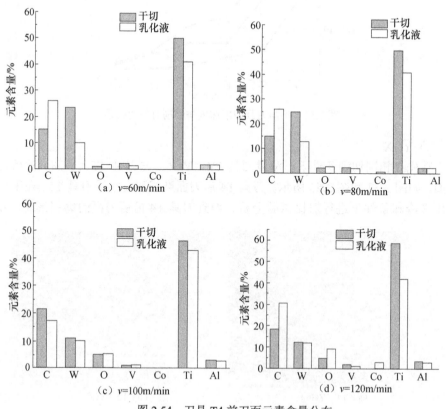

图 2.54　刀具 T4 前刀面元素含量分布

钛合金膜盘车削加工时,刀具磨损的主要形态为黏结磨损、扩散磨损和氧化磨损;切削速度对刀具磨损影响较大,进给量次之,切削深度最小;随着切削速度和进给量的增加,磨损加剧;锯齿屑的高频形成导致切削力的高频变化,如图2.55所示,高频率的冲击载荷在前刀面上产生应力和温度冲击,使刀具形成微裂纹,加速刀具磨损;使用冷却液可以减小摩擦系数,减轻刀具黏结磨损和扩散磨损,从而有效地控制刀具磨损。根据不同材质刀具的磨损状态可以得出,YG6硬质合金刀具优于YG8硬质合金刀具,比较适合用于钛合金加工。

(a)切屑微观形貌

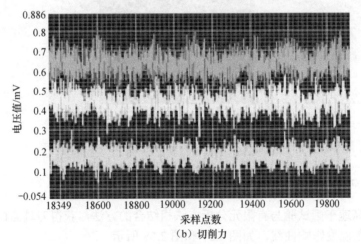

(b)切削力

图 2.55 切屑微观形貌及切削力

2.4.2 刀具刃口刃形优选

1. 刀具刃口刃形检测

三种钛合金膜盘加工刀具刃口半径与刃口形貌的检测分析,如图2.56所示。

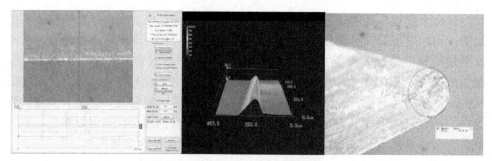

刃口形貌,刃口半径r=20μm,刀尖圆弧半径R=0.2mm
（a）刀具T1

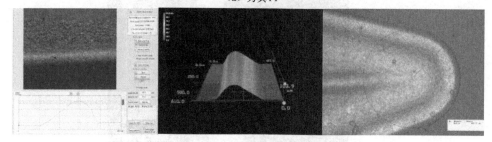

刃口形貌,刃口半径r=55μm,刀尖圆弧半径R=0.4mm
（b）刀具T2

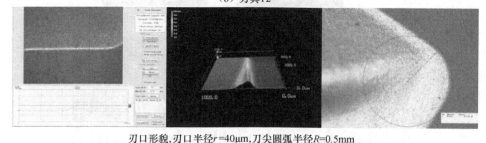

刃口形貌,刃口半径r=40μm,刀尖圆弧半径R=0.5mm
（c）刀具T3

图 2.56　刀具刃口半径与刃口形貌的测量

2. 刃口作用下的钛合金切削热力学分析

采用高速车削试验与有限元分析方法相结合的方法，获得刀具刃口半径对切削力、切削温度影响曲线，如图 2.57 和图 2.58 所示。

在高速切削钛合金薄壁件切削力与切削温度试验研究基础上，获得保持刀具高速切削性能的刀具材料，发现无涂层、细晶粒硬质合金刀和 TiAlN 涂层刀具的切削性能良好，但实际切削为干式切削，涂层刀具更有利于改善零件加工的表面质量、减少冷却液的使用[4]。考虑综合性能对切削加工的影响，在实际加工中选用 TiAlN 涂层刀具进行切削较为合理。

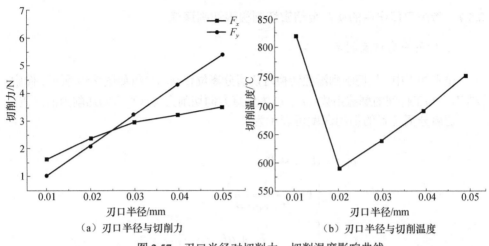

(a) 刃口半径与切削力　　　　　(b) 刃口半径与切削温度

图 2.57　刃口半径对切削力、切削温度影响曲线

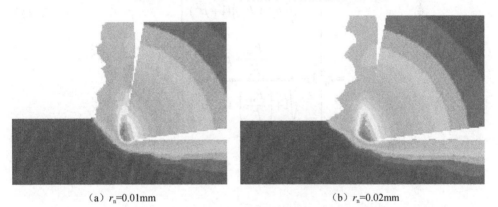

(a) $r_n=0.01\text{mm}$　　　　　(b) $r_n=0.02\text{mm}$

图 2.58　刀具刃口与最高切削温度有限元分析

通过高速切削钛合金薄壁件热力耦合场分析得出，刃口半径存在一个最优值使得切削温度最低。试验与有限分析结果表明：刀具 T1 是高速车削钛合金膜盘的最优刀具，其刃口半径为 $r=20\mu\text{m}$；刀尖圆弧半径 $R=0.2\text{mm}$。

2.5　刀具刃口作用下钛合金精密切削加工典型应用

在精密加工钛合金时，刃口对切削过程的影响不容忽视，并且当切削深度一定时，极限切削深度直接影响切除层厚度，进而影响刀-屑、刀-工接触关系。刃口钝圆或倒棱的存在对切削过程有一个滑擦作用，这种滑擦作用会导致已加工表面质量不稳定和加工效率下降。进行精密切削钛合金刃口作用下极限切削深度研究，可以有效避免刀具滑擦作用对加工表面和刀具的损伤，提高钛合金加工效率。

2.5.1 考虑刃口作用的钛合金精密切削极限切削深度

1. 切屑分离位置判定

精密加工中,从切削到滑擦转换时切屑分离位置受力分析如图 2.59 所示。图中,μ 为刀具与工件间的摩擦系数,F_{xy}/F_z 为竖直方向切削力与水平方向切削力的比值。

切屑分离位置的切削深度可表示为

$$\begin{aligned}
a_c &= r_n(1-\cos\theta) \\
&= r_n\left(1-\frac{1}{\sqrt{1+\tan^2\theta}}\right) \\
&= r_n\left[1-\frac{F_{xy}+\mu F_z}{\sqrt{(F_z^2+F_{xy}^2)(1+\mu^2)}}\right] \\
&= r_n\left[1-\frac{\dfrac{F_{xy}}{F_z}+\mu}{\sqrt{1+\left(\dfrac{F_{xy}}{F_z}\right)^2}(1+\mu^2)}\right]
\end{aligned} \quad (2.25)$$

式中,F_{xy}/F_z 比值一般为 0.8~1[5]。

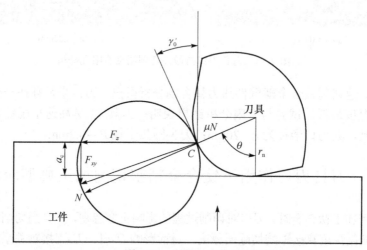

图 2.59 切屑与工件分离位置

刀具在切向移动时接触点因机械啮合作用或分子作用而被破坏的形式分为五种,如图 2.60 所示。前三种形式主要是机械啮合作用所致,后两种形式则明显地表现为分子作用的影响[6]。

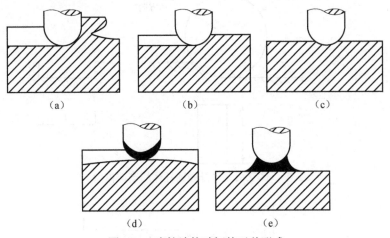

图 2.60 摩擦连接破坏的五种形式

（1）当表面微凸体压入深度较大时（$h/R>0.1$，h 为压入深度，R 为压入不平度圆弧半径），材料发生剪切或划伤。

（2）当表面微凸体压入深度较小时（$h/R<0.1$），材料发生弹性回复，呈塑性挤压状态。

（3）当表面微凸体压入深度变小时（$h/R<0.01$），材料发生弹性挤压。

（4）如果分子相互作用部分形成比基体金属强度更低的连接，则将产生黏着膜破坏。

（5）如果分子相互作用部分形成比基体金属强度更高的连接，则这种分子作用称为黏着。当晶格的平衡由于变形遭到破坏，很容易与另一固体的晶格相互作用，形成黏着连接。当固体切向移动的力大于黏着连接的强度时，黏着连接被剪切或撕裂，即基体材料被破坏。

根据钛合金加工极限切削深度的作用影响，判定材料与刀具间的摩擦关系属于第二类情况，此时呈塑性挤压状态。引入了平卧硬圆柱体的摩擦模型，如图 2.61 所示[7]。

当刀具刃口形式为钝圆刃时可以被简化为平卧硬圆柱体切削工件材料，此时，摩擦系数可以表示为

$$\mu = \sqrt{\frac{1}{2\left(\dfrac{r_\mathrm{n}}{a_\mathrm{c}}\right) - 1}} \tag{2.26}$$

切屑分离位置的切削深度为

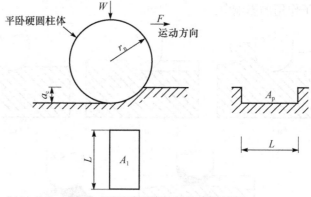

图 2.61　平卧硬圆柱体的摩擦模型

$$a_c = r_n \left\{ 1 - \frac{\dfrac{F_{xy}}{F_z} + \sqrt{\dfrac{1}{2\left(\dfrac{r_n}{a_c}\right)-1}}}{\sqrt{\left[1+\left(\dfrac{F_{xy}}{F_z}\right)^2\right]\left[1+\dfrac{1}{2\left(\dfrac{r_n}{a_c}\right)-1}\right]}} \right\} \quad (2.27)$$

相同切削深度情况下，随着刃口钝圆半径增大，刀-工接触长度增加，负前角越大，垂直方向切削力越大，工件的弹性变形越显著，最小切削深度越大。与刀具刃口钝圆半径大小呈正比例关系，比例系数为 0.17~0.25，且刃口钝圆越大，最小切削深度与刃口钝圆半径的比值越大，证明了工件弹性变形随刃口的增加而增加，如表 2.7 所示。

表 2.7　最小切削深度的计算

r_n/mm	0.02	0.04	0.06	0.08	0.10
F_{xy}/F_z	0.8~1				
a_c/mm	0.0027~0.0035	0.0054~0.0069	0.008~0.0104	0.0107~0.0139	0.0134~0.01732

极限切削深度与刃口钝圆半径比值随着刀具刃口钝圆半径变小而变小，由此可知比值减小对有效切削深度减薄效应具有增强作用。

2. 刀具变形下的极限切削深度求解

精密精加工切削钛合金过程中，当切削抗力引起刀具沿切削深度方向的变形量满足滑动摩擦条件时,刀具的变形能力将使其滑过加工表面,产生让刀和犁耕现象,并引起工件表面损伤。刀具变形对切削深度影响如图 2.62 所示,F_z 为切向力,L 为刀具伸出长度,EI 称为抗弯强度为常数。

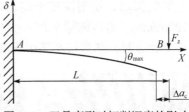

图 2.62 刀具变形对切削深度的影响

刀具在工件进给方向的力引起刀具最大转角变形 θ_{max} 为

$$\theta_{max} = \frac{F_z L^2}{2EI} \qquad (2.28)$$

刀具变形在切削深度方向变形量为

$$\Delta a_c = L(1-\cos\theta_{max}) \qquad (2.29)$$

刃口作用下刀具最小切削深度为

$$a_{cmin} = r_n(1-\cos\theta_{max}) + L(1-\cos\theta_{max}) \qquad (2.30)$$

在稳态切削中,刀具刃口处尺寸变化导致工件材料流动特性的改变,从而导致切削力方向的改变,使有效切削减小,促使工件弹性变形的切削分力增大,从而减小了刀具有效切削深度,进而产生让刀现象。由于受切削力的影响,刀具发生弹性变形,刀具偏离正常切削位置,同时减小了有效切削深度。

利用有限元软件对同一刃口尺寸的不同进给量的切削过程进行模拟,如图 2.63 所示。

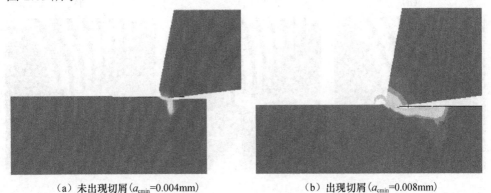

(a) 未出现切屑 (a_{cmin}=0.004mm)　　(b) 出现切屑 (a_{cmin}=0.008mm)

图 2.63 极限切削深度有限元仿真 (r_n=0.04mm)

2.5.2 钛合金精密切削最小切削深度试验

当切削参数达到最小切削深度时,由于刀具刃口尺寸影响及刀具与工件系统之间的振动，切削深度不均匀，利用高速摄影判断切屑产生。此时切削速度为 100m/min，刃口钝圆半径 r_n=0.04mm，调整切削深度，当切削达到稳定与断续的临界状态时，达到最小切削深度。不同刃口钝圆半径切削试验如图 2.64 所示。

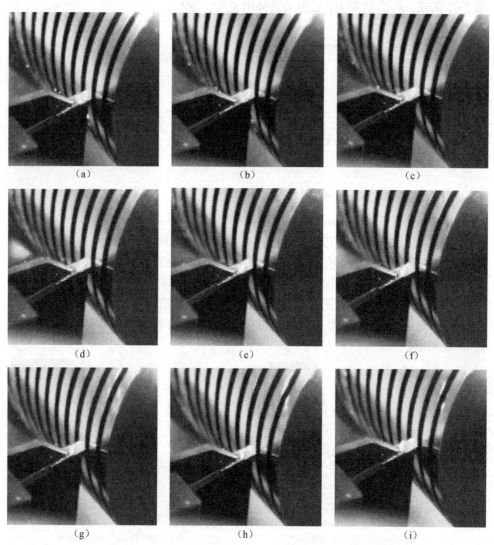

图 2.64 极限切削深度高速摄影试验验证

由试验可知，当刃口钝圆半径 r_n=0.04mm 时，极限切削深度为 0.013mm。由于系统振动、机床精度、加工环境等因素影响，试验结果大于理论计算及有限元仿真所获得的极限切削深度数值。

2.5.3 刃口作用下钛合金膜盘精密加工

1. 钛合金膜盘加工工艺特点

高强度、低导热性钛合金膜盘是航空发动机联轴器的重要零部件，膜盘的型面为复杂的方程面，且最薄处约为 0.5mm，是典型的薄壁类零件，其型面轮廓度小于 0.025mm，表面粗糙度 R_a 小于 0.8μm。

钛合金膜盘加工工艺难点[8]如下：

（1）钛合金膜盘是一种型面很薄的盘型零件，因此轴向刚性很小，在加工时容易产生翘曲变形，不利于型面尺寸和线轮廓度的保持。

（2）钛合金弹性模量小，仅为钢的1/2，在同样夹紧力、切削力和内应力作用下，变形比钢材大得多，且型面最薄处约为 0.5mm，在加工过程中易变形。

（3）膜盘属于薄壁类零件，型面很薄，在切削力作用下，容易发生振动影响表面光洁度，使精度和粗糙度不易达到加工要求；并且单位面积上的切削力大，刀具易崩刃，同时钛合金弹性模量小，加工时容易引起振动，加大刀具磨损并影响零件精度。

（4）切削温度高，由于钛合金导热系数很小，切削产生热不易传出，集中在切削区和切削刃附近较小范围内，易损伤刀具。同时，钛合金化学活性大，在高的切削温度下，很容易吸收空气中的氧和氮形成硬而脆的外皮，切削过程中的塑性变形也会造成表面硬化，造成冷硬现象，从而降低了零件的疲劳强度，加剧刀具磨损。

因此，钛合金膜盘在加工过程中易变形，表面质量及面型精度难以保证，刀具易磨损，进而导致产品成品率较低。

在设置膜盘进行精加工时，切削深度 a_c 为 0.04~0.1mm，进给量 f 为 0.02~0.05mm/r，均达到精密切削数量级，此时刀具刃口对加工过程与已加工表面质量存在较大的影响。

2. 钛合金膜盘精密切削条件

钝圆刃刀具切削性能优于倒棱刃刀具，刃口钝圆半径为 0.02~0.06mm 时切削性能较好，并且刃口钝圆半径与切削深度相接近时，切削温度较低，等效应力分布较为均匀。因此，选取刃口钝圆半径 r_n=0.02mm、v=200m/min、f=0.03mm/r、a_c=0.06mm 进行钛合金膜盘精密加工，如图 2.65 所示，得到加工后的膜盘表面粗糙度及面型精度。

3. 钛合金膜盘精密切削加工质量

1）表面粗糙度

根据膜盘表面完整性影响规律，采用正交试验和回归分析的方法建立刀具刃

(a) 精加工工装1　　　　　　　(b) 精加工工装2

图 2.65　钛合金膜盘加工专用工装

口作用下的钛合金精密切削表面粗糙度数学模型，即

$$R_{\text{amin}} = 30.796 v^{-0.0721} f^{1.16} a_c^{0.0534} \tag{2.31}$$

当进给量 f 变大时，表面粗糙度 R_a 逐渐变大，同时刀具轨迹纹路也越来越稀疏。随着刀尖圆弧半径 r 的增大，表面粗糙度 R_a 呈递减趋势，此时纹路相对变得紧密。钛合金膜盘成件，如图 2.66 所示。钛合金膜盘成件的表面形貌及表面粗糙度（R_a=0.2377μm），如图 2.67 所示，表面粗糙度小于 0.8μm 时，钛合金膜盘表面质量较好。

图 2.66　已加工的钛合金膜盘零件

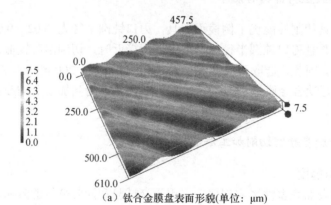

(a) 钛合金膜盘表面形貌(单位：μm)

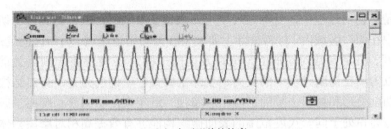

(b) 表面形貌的轮廓

图 2.67　膜盘成件表面形貌及表面粗糙度

2) 刃口作用下精密切削钛合金膜盘面型精度

加工钛合金膜盘不但可以降低膜盘的表面粗糙度，而且可以提高膜盘的面型轮廓度。膜盘实际加工型面与理论值对比分析，如图 2.68 所示。应用所优选出的刀具刃口结构和切削参数可以保证膜盘的加工精度要求。

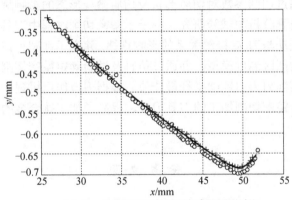

(a) L_1、L_3 型面的理论图形与实际图形对比

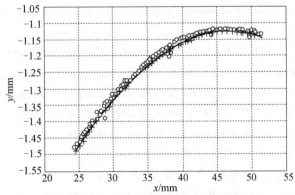

(b) L_2 型面的理论图形与实际图形对比

图 2.68　膜盘型面对比分析

在精密切削过程中，受加工尺度与刀具特征参数的影响，刀具参与切削部分主要集中在刃口区域内，材料去除主要发生在刀刃附近区域，刃口区的物理性能、机械强度、几何参数对切屑的形成以及切削过程力-热特性将起到至关重要的作用，所以刀具在切削过程中的受力、受热主要集中于切削刃处，刃口结构及刃口参数对切削变形和材料去除的影响不容忽视。近年来，仿生学和摩擦学研究结果表明，与刃口处于同一尺度范围的表面微织构能够有效提高相对摩擦物体的表面摩擦性能，这为刀具加工难加工材料带来了新的研究方向。

2.6 本章小结

本章在钛合金的切削试验的基础上，综合运用金属切削理论、数值分析等方法，系统研究了精密切削钛合金 Ti6Al4V 的加工过程，以及切削刀具刃口作用机理及其应用。通过切削参数对切屑形状及切屑微观形态的影响规律的研究，结合切削过程数值仿真分析与试验研究，揭示了精密切削过程中刀具刃口几何结构对工件材料塑性流动与刀-屑接触关系的影响规律。建立了钝圆刃口及倒棱刃口作用下的切削力与切削区温度模型，并通过仿真及试验确定精密切削钛合金刀具的最优刃口结构与切削刃口钝圆半径最佳值。根据刃口作用机理的研究结果，获得了适用于钛合金精密切削加工的刀具刃口，提高了加工钛合金的表面质量及面型精度。

参 考 文 献

[1] Yang S C, Zheng M L, Fan Y H, et al. Research on cutting performances of tool rounded cutting edge in high speed milling hardened steel. Advanced Materials Research, 2011, 188:139-144.

[2] Yang S C, Zheng M L, Zhang D Q, et al. Influence of cutting parameters on characteristics of serrated chip when high-efficiency cutting Ti6Al4V. Solid State Phenomena, 2011, 175:278-283.

[3] 罗翔. 正交切削切削刃钝圆上分流点的研究. 广东工业大学学报, 1997, (1):80-85.

[4] 尤海燕, 杨树财, 吴雪峰, 等. BTA 深孔钻设计技术. 机械设计与研究, 2014, (5):110-113.

[5] 袁哲俊, 王先逵. 精密和超精密加工技术. 2 版. 北京: 机械工业出版社, 2007.

[6] 温景林. 金属材料成形摩擦学. 沈阳: 东北大学出版社, 2000.

[7] 布尚 B. 摩擦学导论. 葛世荣, 译. 北京: 机械工业出版社, 2007.

[8] Yang S C, Zheng M L, Fan Y H. Chip formation of highly efficient cutting titanium alloy membrane disk. Applied Mechanics & Materials, 2010, 33:549-554.

第 3 章 微织构激光制备及其对刀具性能的影响

激光加工具有应用广泛、制备简便、工艺成本低等优点，尤其是在对硬脆材料的微孔加工方面优势较为明显，因此在生产及科研中得到广泛的应用。表面微织构具有提高表面耐磨性、抗黏结性的作用，但由于微织构几何参数影响摩擦性能，所以分析激光工艺参数对微织构形貌和几何参数的影响，获得最优加工工艺组合参数，为优化微织构参数提供前期试验数据具有重要的实际意义。

3.1 微织构几何形状对刀具结构强度的影响

通过对金属切削加工中刀具材料的破坏机理的研究发现，刀具的应力状态是刀具发生破坏的主要因素，在硬质合金刀具中更是如此。刀具的几何形状、整体结构对刀具寿命和工件表面加工质量有直接的影响，因此分析微织构的置入对硬质合金刀具结构强度的影响具有重要的意义[1-3]。

1. 微织构球头铣刀片三维模型的建立

利用三维建模软件 Unigrachics NX 建立微织构球头铣刀片的几何模型，对刀具进行相应的简化处理，只对刀片部分进行建模，存储为 STEP214 格式导入软件 ANSYS 中。如图 3.1（a）所示，刀片采用的是两齿球头铣刀，球头铣刀的前角为 0°，后角为 11°，前刀面上置入微织构。首先设计不同形状的微织构类型，包括微坑织构、横向沟槽、纵向沟槽、正交织构，不同织构类型微织构刀具形貌如图 3.1（b）~（f）所示。另外，针对横向沟槽织构刀具设计出距刀尖与切削刃不同距离的微织构形貌：微织构距刀尖横向距离范围为 200~400μm，与切削刃距离范围为 80~120μm，微织构宽度为 60μm，中心距为 90μm，深度为 20μm。

（a）球头铣刀片

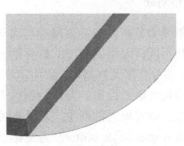
（b）无织构

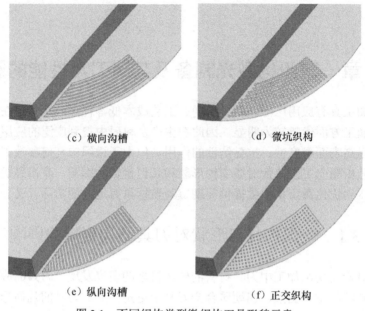

图 3.1　不同织构类型微织构刀具形貌示意

2. 刀具的材料属性

目前硬质合金是应用最广泛的刀具材料之一,其具有耐高温、耐磨损、热稳定性好且硬度高等优点,可用于加工难加工材料。本章选用主要成分为 8%的 Co 与 92%的 WC 的硬质合金材料作为微织构球头铣刀的基体材料,其抗冲击性较好,适合在球头铣刀表面加工微织构。材料属性如表 3.1 所示。

表 3.1　硬质合金刀具性能参数

化学成分	密度 /(g/cm³)	硬度 (HRA)	抗弯强度 /MPa	线膨胀系数/K⁻¹	杨氏模量 /GPa	泊松比
WC92%,Co8%	14.5	89	1741	5.1×10^{-6}	580	0.22

3. 网格划分

刀具的受力分析结果是否准确可靠与网格划分的合理性有重大关系。由于微织构的形状不同,采用 ANSYS 软件的自适应网格划分方法完成对刀具模型单元格的划分。划分有限元网格时,采用便于施加载荷的十节点修正二次四面体单元。由于微织构尺寸参数过小、刀片为圆弧刃且形状规则,为了保证仿真结果的计算精度以及减少奇异单元的产生,采用的网格参数如下:平滑度(smoothing)为高,跨度中心角(span angle center)为细化,单元格的尺寸(element size)为 50μm。图 3.2 为不同织构类型刀具的网格划分结果。

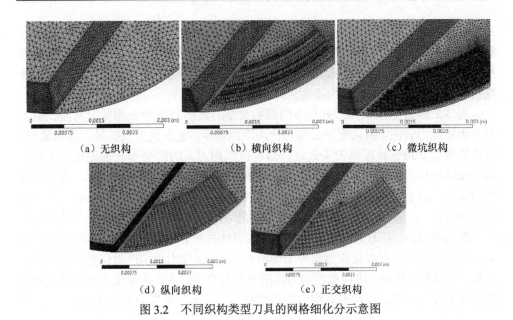

（a）无织构　　　　　　（b）横向织构　　　　　　（c）微坑织构

（d）纵向织构　　　　　　（e）正交织构

图 3.2　不同织构类型刀具的网格细化分示意图

4. 边界条件的创建与模拟载荷的施加方法

在实际的加工过程中，球头铣刀的铣刀片是通过螺钉固定在刀杆上的，刀槽对刀片起到完全固定作用，因此在 ANSYS 软件设定中铣刀片的自由度被完全限制。

刀具切削部分的强度由铣削力造成的复杂应力状态决定，因此仿真计算结果和实际情况相符程度与载荷的施加是否得当有很大关系[4,5]。由于在切削状态下对球头铣刀切削力的影响因素较多，对其计算也较为复杂，所以对于铣刀片的受力情况一般进行简化处理。目前，模拟铣削加工的载荷在铣刀片上的施加方式可整理为三种[6,7]：一是将切削过程的铣削力直接简化成线性载荷施加在切削刃上；二是先将一部分切削力进行简化处理，然后以面载荷的形式均匀施加在刀具前刀面上；三是根据铣刀片的受力特点，将铣削力简化为线性面载荷。显然，第三种情况是比较符合实际加工状况的。本章在第三种载荷的施加方式上进行改进，依据铣削加工特点，施加的载荷满足随时间变化的正弦函数关系；将载荷仅施加在铣刀片的切削部分上。以上的改进方案使模拟载荷更贴近铣削状态下的铣削力变化，考虑了铣削力随时间的改变对铣刀片的冲击载荷，只在刀屑接触范围内施加载荷而非整个前刀面上，使计算的结果更加准确。

5. 有限元仿真结果分析

当刀具受载时，不同类型的表面微织构对刀具基体的应力和变形等影响不同。硬质合金铣刀片能承受的变形有限，当刀具受力增大到临界值时，材料就会发生破损甚至断裂[8,9]。在铣削力造成的静负载作用下，刀具切削部分的破坏与否取决于刀具材料的断裂强度指标。试验中，以横向断裂强度作为临界点来判断刀具是否断裂失效，当最大应力大于或等于横向断裂强度时，视为刀具已经发生断裂，WC-CO 硬质合金的横向断裂强度大约为 2.5GPa。

表 3.2 给出了无织构刀具与不同织构类型刀具的总变形云图及刀具前、后刀面的等效应力云图。由总变形云图对比清晰地显示，无织构刀具的最大变形最小，而且其最大变形位置距离刀尖最近；四种微织构刀具的的变形分部无过大差异，其中微坑织构刀具的变形分布最为均匀；横向微织构刀具变形量最大，变形区域更为集中，这会导致切削刃某处产生严重变形，影响铣削过程中的刀具寿命和工件表面质量。由前、后刀面的等效应力云图得出，无织构刀具的应力分布范围明显小于微织构刀具，并且分布更为集中，切削刃处的应力总体也大于微织构刀具。正交微织构刀具应力有多处应力集中于切削刃附近，在应力集中严重位置易发生崩刃现象，加速刀具破损；纵向微织构刀具应力分布范围最大，这会使刀具在更大的面积上反生破损；微坑织构刀具应力分布相对均匀，无严重应力集中现象。

表 3.2 无织构刀具与不同类型织构刀具的总变形云图及等效应力云图

	总变形云图	前刀面应力云图	后刀面应力云图
无织构			
横向织构			
纵向织构			

续表

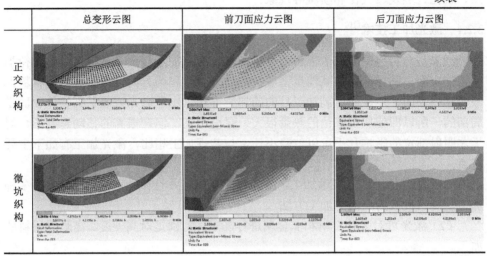

如图 3.3 所示，任何种类的织构对于刀具的应力都有影响，会使刀具应力一定程度的增加，其中微坑织构对刀具应力的影响最小，其刀具应力的最大值为 1.8GPa；正交织构对刀具应力影响最大，其应力最大值为 2.15GPa，小于 WC-CO 硬质合金的横向断裂强度 2.5GPa，满足刀具强度要求。

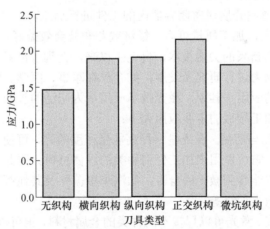

图 3.3 受载时不同织构类型刀具的最大应力

3.2 激光蚀除材料机理

激光蚀除材料是指当材料表面因吸收激光照射的能量后，在各种机制产生的线性及非线性过程中，激光作用区域内物质发生迁移与销蚀，最终使材料产生加热、融化、蒸发、气化和喷溅等现象。

3.2.1 激光加工技术[10]

激光是一种因刺激产生辐射而强化的光。激光加工就是将激光束照射到待加工物体表面，利用激光的高能量密度、高功率密度和高方向性去除或熔化材料，改变物体表面性能从而达到加工目的的加工方法。由于激光束照射到物体表面是局部的，所以即使加工部位的热量很大、温度很高，但在很高的移动速度下，对于非照射部位的影响几乎可以忽略不计。与常规加工相比，激光加工有如下主要特点：

（1）激光加工为无接触加工，激光束的能量高并且移动可调，可以实现多种加工，是一种极为灵活的加工方法。

（2）激光可对多种金属和非金属进行加工，特别是对高硬度、高脆性材料的加工。

（3）激光加工过程中无"刀具"磨损，无"切削力"作用于工件。

（4）激光加工过程中，激光能量密度高、加工速度快，且系局部加工，故对非加工表面没有影响或影响极小，同时其热影响区小、工件热变形小、后续加工量小。

（5）激光束易于导向和聚焦，能够实现各方向的变换，极易与数控系统进行配合来对复杂工件进行加工。

（6）可透过透明介质对密闭容器内的工件进行加工。

（7）生产率高，加工质量可靠，经济效益和社会效益好。

激光技术作为新兴的尖端技术，自诞生以来，受到了世界各国高度的重视，被投入大量人力物力进行研究及发展，如今已在军事、医学、农业、工业等重大领域得到了广泛的应用。其中，激光技术应用最为广泛的领域是机械加工领域。激光技术在机械加工领域的主要应用如下：

（1）激光打孔与切割。激光是一种高能量密度的光，可使固体材料瞬间融化或汽化。理论上，它可以用来加工任何种类的固体材料。因此，在需要对材料进行切割的场合常常能看到激光的身影，如汽车覆盖件及其他钣金件的激光切割加工、石油管道的激光切缝等。

（2）激光焊接。激光可以焊接不同种类的金属材料，也可以焊接非金属材料，如人造织物的焊接、玻璃的焊接。

3.2.2 激光表面强化[11]

激光作为一种精密可控的高能量密度热源，可以对硬质合金表面进行多种改性处理，从处理后不同的表面状态来看，其处理方法的分类如图3.4所示。

激光表面改性是材料表面快速局部处理工艺的一种新技术。通过激光与材料

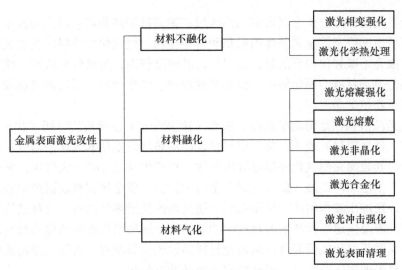

图 3.4 激光表面改性处理方法

表面的相互作用，材料表层发生所希望的物理、化学、力学性能的变化，从而改变金属表面的结构，获得良好的性能，如提高表面强度、耐磨性、耐腐蚀性等。这种工艺方法简单，加热点小、散热快，表面改性后的工件变形小，可作为精加工的后续部分。

在激光表面强化中，通常有三种典型的工艺：激光相变强化、激光熔融强化和激光冲击强化，每种强化工艺方法所对应的激光参数即激光功率尺度范围有所不同，其跨尺度效应和宏观力学方法也有所差别，被作用材料表面的温度范围也不相同，因此最终形成的材料相也不同，其相关参数及工艺方法区别如表3.3所示。

表3.3 不同参数下工艺方法区别

工艺方法	功率密度/(W/cm^2)	冷却速度/(℃/s)	时间作用长度/s	作用区深度/mm
激光相变强化	$10^4 \sim 10^5$	$10^4 \sim 10^6$	$10^{-6} \sim 10^{-3}$	0.2~1.0
激光熔融强化	$10^5 \sim 10^7$	$10^4 \sim 10^6$	$10^{-8} \sim 10^{-4}$	0.2~2.0
激光冲击强化	$10^8 \sim 10^{10}$	$10^4 \sim 10^6$	$10^{-10} \sim 10^{-8}$	0.02~0.2

激光相变强化是利用高能量脉冲激光束相对于工件运动或以高功率连续激光束（$10^4 \sim 10^5$W/cm^2）快速扫描工件，使被照射的金属或合金表面温度以极快的速度升温到相变点以上、熔点以下的温度。当激光束离开被照射部位时，由于处于冷态基体的强烈热传导作用下，其表面迅速进行自冷淬火以实现工件的表面相变强化。由于这一过程是在快速加热和快速冷却下完成的，所以得到的淬化层组织较薄，其硬度高于常规淬火的硬度。

激光熔融是以高功率密度激光（$10^5 \sim 10^7$W/cm^2）在极短时间（$10^{-8} \sim 10^{-4}$s）

内与金属交互作用，使金属表面局部区域在瞬间被加热到熔点以上的温度使之融化，随后借助冷态的金属基体的吸热和传导作用，使已熔化的极薄表层金属快速凝固，激光熔凝强化得到的是铸态组织，其硬度较高，耐磨性也较好。熔凝强化的目的是改善材料的原始组织，特别是获得弥散细化效应，通过激光熔凝，材料表面层可获得细晶组织。

激光冲击强化是用功率极高的激光（$10^8 W/cm^2$）在极短的时间（20～40ns）内辐照工件（靶材）表面，将金属材料表面加热到足以使其气化的温度，发生快速蒸发，其表面突然气化并形成等离子体，可产生高达 10^5 个大气压，发生动量脉冲而产生压缩冲击波，此冲击波向金属中扩散，使金属材料表面产生强烈的塑性变形，在冲击波作用区中显微组织出现复杂的位错缠结网络。这种结构类似于经爆炸冲击及快速平面冲击的材料中的亚结构。这种组织能明显提高材料的表面硬度、屈服强度和疲劳寿命，从而使材料的性能明显改善。由激光冲击波作用产生的材料表面强化及强度的提高统称为激光冲击强化。

在激光进行微孔加工中（图 3.5），一个静止的激光束用它的高功率密度从工件中熔化或蒸发材料。这种方法有时称为"冲撞"或"在中心上"钻孔[12]。其原理是激光束辐照能量与工件中的热传导、向环境损失的能量和工件中相变所需的能量之间平衡的调整。在激光钻孔中入射光束的能量空间强度分布，常用按 TEM_{00}

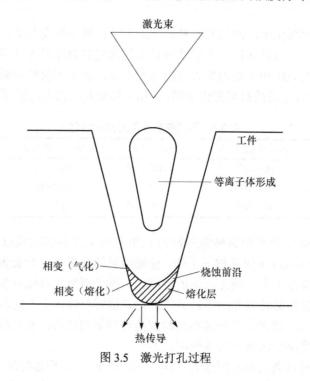

图 3.5 激光打孔过程

模式操作的激光器产生的高斯分布。聚焦后的光束半径一般规定为光束中心与某点之间的距离 $d/2$，此点的强度从光束中心的最高值以因子 e^2 下降。由于各种热损失的影响，钻出的孔的直径小于光束直径。损失到环境中的热量是实际钻孔过程中从光束能量中转移掉的。孔表面和工件内部之间的温度差产生了热传导，它依赖于材料的热扩散系数 α 和相互作用的时间 t_i，这两项定义热穿透深度为

$$\delta = \sqrt{\alpha t_i} \tag{3.1}$$

3.2.3 激光蚀除机理[13]

激光与物质相互作用首先是从入射激光被物质反射和吸收开始的。激光束入射于均匀、各向同性靶材物质时，部分能量被周围气体或微粒和靶表面所散射或反射，进入靶物质的激光能量部分被吸收，其余部分则穿透靶物质继续传播。在真空环境中，入射激光束的总能量功率是反射散射、吸收和折射透射三部分之和，入射波的电、磁场强度即为反射和折射透射光束电、磁场强度的向量和。从微观机理来看，激光与物质的相互作用是高频电磁场对物质中自由电子或束缚电子作用的结果，物质对激光的吸收与其物质结构和电子能带结构有关。金属中的自由电子在激光作用下发生高频振动，通过韧致辐射过程部分振动能量转变为电磁波即反射光向外辐射，其余转化为电子的平动动能，再通过电子与晶格之间的弛豫过程转变为热能。激光在金属中趋肤深度很小，对红外波段吸收层厚度也只有几十微米，因此金属对通常波段激光束的反射率很大。当高功率激光光束作用于材料表面时，材料表面吸收大量激光能量，引起材料温度升高、熔融、气化，直至产生喷溅等现象。具体过程不仅依赖于激光参数能量、波长及脉宽等，还与材料的物理特性和作用环境条件密切相关。一般来说，不同数量级的激光功率密度作用下，材料表面发生不同的物理现象，如表3.4所示。

表3.4 激光功率密度与材料的变化关系

功率密度/(W/cm^2)	$10^3 \sim 10^4$	$10^4 \sim 10^6$	$10^6 \sim 10^8$	$10^8 \sim 10^{10}$
材料变化	加热	熔融	气化	等离子体

激光与物质相互作用时产生两个典型效应，即二次非线性光学效应和高压冲击波效应。当高功率激光辐照在材料表面上时，一部分被材料表面反射，一部分通过材料透射，一部分散射，而大部分则被材料吸收。材料以各种不同的机制吸收激光能量，大致可分为逆韧致吸收、光致电离、多光子吸收、杂质吸收、空穴吸收五种类型，其中逆韧致吸收和光致电离这两种机制起主导作用。材料吸收激光能量后，其中的粒子电子、离子和原子将获得过剩的能量。这些获得多余能量的粒子由于相碰撞传递能量，材料的宏观温度将明显升高。当材料的聚焦区域温

度升高到熔点时,材料发生熔融,进而产生气化,同时向外喷溅物质,从而达到去除材料、实现加工的目的。

3.3 微织构刀具激光制备

分析激光工艺参数对微织构形貌和几何参数的影响,获得最优加工工艺组合参数,为优化微织构参数提供前期试验数据具有重要的实际意义。

3.3.1 微织构激光制备

1. 激光加工设备

试验采用北京天正光纤激光打标机,如图3.6所示,激光加工设备技术参数如表3.5所示。本书制备微织构采用迂回轨迹扫描实现,即前期先画出一定尺寸大小的圆,使聚焦光点沿轨迹圆运动,即可实现微坑织构的制备[14,15]。

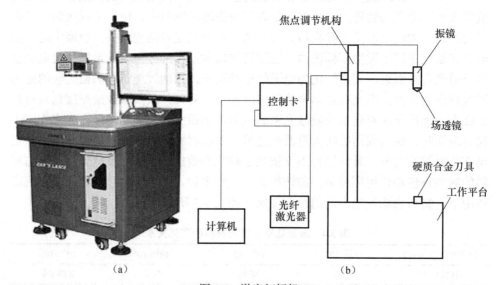

图3.6 激光打标机

表3.5 激光加工设备技术参数

参数名称	数值	参数名称	数值
最大激光功率/W	50	最小线宽/mm	0.012
激光波长/nm	1060	重复精度	±0.003
激光重复频率/kHz	20~100	电力需求	220V/50Hz/4A
雕刻线速/(mm/s)	≤7000	雕刻深度/mm	≤0.4

试验制备微坑织构的材料为戴杰硬质合金球头铣刀片（图3.7），其主要成分是92%的碳化钨和8%的钴；其刀具性能如表3.1所示。

图3.7　硬质合金球头铣刀片

2. 制备要求

试验过程中需要大量的试件，为减少试验过程中的意外误差，特规范制备步骤如下：

（1）试验前处理：首先采用1200目、2000目金相砂纸对表面打磨，使R_a=0.1μm，之后利用工业酒精将表面擦拭干净晾干待加工。

（2）试样加工：将试件放在激光打标机工作台上，调整激光头高度使其焦点恰好落在待加工表面上，根据设定的激光加工参数，加工试样表面。

（3）试样后处理：首先利用2000目金相砂纸打磨试样表面去除表面毛刺，然后利用超声波清洗15～20min，清洗剂为丙酮，吹干后进行编号以备检查。

（4）尺寸测量：取出试样，利用超景深显微镜对微坑织构形貌尺寸进行测量，并记录数据。

（5）分析试验数据获得激光加工工艺参数范围。

3. 形貌观测

在激光制备完成后，采用超景深显微镜测量微织构的形貌特征，包括微织构微坑直径、间距和坑深等。超景深显微镜具有优良的三维成像性能，在三维景深成像条件下，可直观显示微坑的形貌特征。材料表面微织构如图3.8所示。

4. 表面处理[16,17]

激光在制备材料表面微织构过程中产生的高温对微织构周围的材料产生严重的烧蚀现象，且在激光与材料相互作用过程中，由于激光瞬时能量高，在烧蚀过程中会产生喷溅行为，所以在微织构周围会形成凹凸不平的材料熔渣，这种凹凸不平的形貌会影响材料表面的性能，因此需要对制备微织构后的材料表面进行打磨和抛光，去除微织构周围产生的熔渣，使微织构表面更为平整。常用的打磨和抛光方式有抛光机抛光和金相砂纸抛光。

由于在研磨过程中，研磨粉末会进入微坑内部，影响微坑的使用效果，因此在研磨结束后，要对试样进行丙酮溶液处理，并用超声波在酒精溶液中彻底清洗，保证微坑织构具有更好的形貌特征及使用质量，以免影响最终的加工效果。经研磨处理后的微织构材料表面如图 3.9 所示，研磨后微织构三维形貌测量如图 3.10 所示。

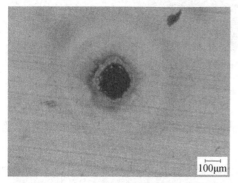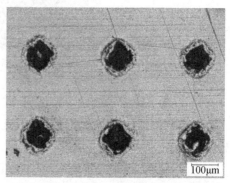

图 3.8　VHX-1000 超景深形貌观测　　　　　图 3.9　清洗后表面

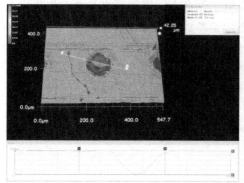

图 3.10　表面处理后形貌测量

3.3.2　微织构加工稳定性

图 3.11 为微坑直径和深度变化趋势图，微坑理论直径为 80μm，激光功率为 90%，扫描次数为 3 次，扫描速度为 1500mm/s，填充线间隔为 0.013mm。从图中可以看出，同样加工条件下，在试件不同位置处激光加工出微坑阵列，微坑最大直径为 112.9μm，最小直径为 110.5μm，微坑最大深度为 48.62μm，最小深度为 46.48μm，说明激光制备微坑织构的稳定性和均匀性较好，适合作为织构的加工方式。

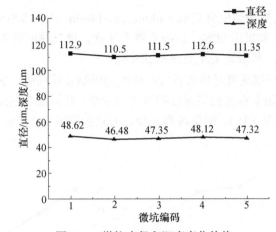

图 3.11 微坑直径和深度变化趋势

图 3.12 为激光打标机激光打孔迂回轮廓法示意图，光斑直径为 0.05mm，且光斑中心沿理论直径圆形轨迹运动，脉冲激光将材料不断气化去除，孔被逐渐加深。此时，在圆形轨迹中心处一小部分区域激光未能打到，试样材料将无法去除，为了得到质量较优的微坑，需在圆形轨迹内填充直线形激光轨迹。激光填充线的轨迹是在圆形轨迹内按照一定的间距添加的若干条直线，如图 3.13 所示，其中填充线的疏密取决于填充线间距大小。

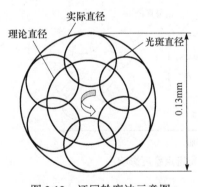

图 3.12 迂回轮廓法示意图

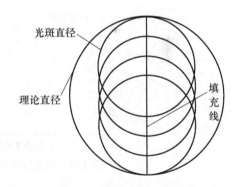

图 3.13 直线形填充轨迹

3.3.3 激光加工工艺参数对微织构质量影响[18-22]

1. 激光扫描速度对微坑织构质量的影响

激光扫描速度是影响表面微织构制备效率的重要因素，扫描速度过大造成激光光斑不连续，微织构质量较差，在这种情况下可以通过提高激光频率来改善表面质量，但是激光频率增加，微坑织构直径和深度都会随着降低。试验所用激光打标机默认的激光扫描速度分别取 1300mm/s、1400mm/s、1500mm/s、1600mm/s、1700mm/s，激光功率采用 90%，扫描次数为 3 次，填充线间隔为 0.013mm，微坑理论直径为 80μm，其余均采用系统默认参数。

图 3.14 给出扫描速度对微坑直径和深度的影响规律曲线，从图中可以看出，微坑直径、深度均随着激光扫描速度的增加而减小，其原因是扫描速度的增加造成光斑重合度较低（图 3.15），即脉冲数减少，去除物质减少，导致孔径、深度较小。

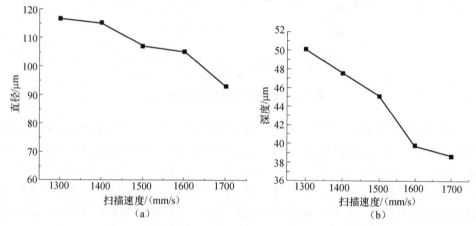

图 3.14　扫描速度对微坑直径和深度的影响规律曲线

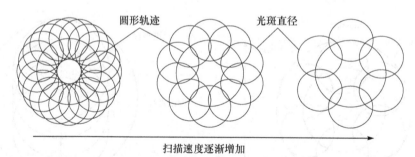

图 3.15　扫描速度变化对光斑重叠度影响

2. 激光功率对微坑织构质量的影响

由于试验采用的打标机激光功率采用百分制形式，且默认值为 20%。本组试验采用 20%、40%、60%、80%、100%五组试验数据，扫描次数为 5 次，理论直径为 50μm，其余均采用系统默认值。

图 3.16 给出激光加工功率对微坑织构直径和深度的影响规律曲线，从图中可以看出，在激光功率为 20%、40%时，激光功率密度过低，试件表面吸收的能量过少无法发生气化甚至熔化现象，所以在硬质合金表面无法加工形成有效微坑织

构；激光功率的增加引起微坑织构深度的快速增加，但其增加幅度比直径小，同样功率在80%~100%时深度增加较缓慢。

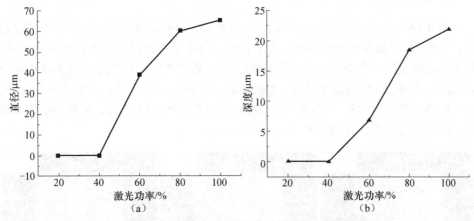

图3.16 激光加工功率对微坑织构直径和深度影响规律曲线

激光加工硬质合金表面微织构时，能量密度是非常重要的参数，其中激光功率密度可表示为

$$P_1 = \frac{4E}{\pi d^2 t_p} \quad (3.2)$$

式中，P_1为功率密度；t_p为脉冲宽度；d为光斑直径；E为能量密度，

$$E = P(\tau)\Delta\tau = \overline{P}T = \frac{\overline{P}}{f} \quad (3.3)$$

式中，$P(\tau)$为峰值功率；$\Delta\tau$为脉冲宽度；$\overline{P}$为平均输出功率；T为脉冲周期；f为脉冲频率。

当脉冲宽度和脉冲频率不变时，功率密度随着单脉冲能量变大，而输出功率增大导致单脉冲能量变大。加工过程中功率密度变大产生过多的蒸汽相物质，产生较大蒸汽压力，高压蒸汽带走过多的液相物质，导致微坑织构直径变大。但当脉冲能量越大时，微坑的锥度和直径越大，如图3.17所示，刀具表面微坑织

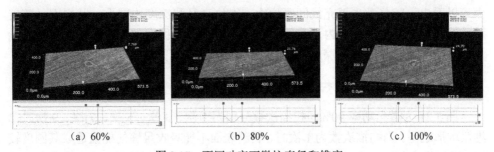

(a) 60%　　　　　　　　(b) 80%　　　　　　　　(c) 100%

图3.17 不同功率下微坑直径和锥度

构边缘产生较大的破坏。

3. 填充线间距对微坑织构表面质量的影响

图 3.18 为不同填充间距下微坑二维形貌图，扫描次数为 1 次。从图中可以看出，当填充间距为 0.005mm 时，由于在圆形轨迹范围内形成较多直线填充轨迹，且轨迹方向沿同一个方向，所以呈现椭圆状。随着填充间距增加，圆形轨迹内填充轨迹有所减少，微坑圆度较好，如图 3.18（b）所示。随着填充间距进一步增加，圆形轨迹内填充轨迹进一步减少，造成加工过程中加工区域内受到激光能量不均匀，微坑圆度较差，如图 3.18（c）～（e）所示。

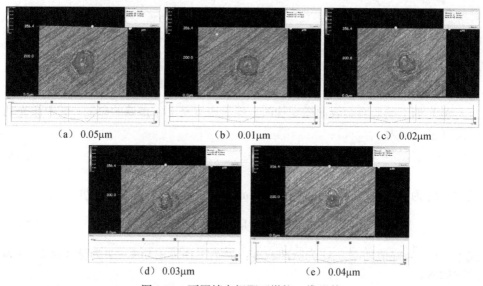

（a） 0.05μm （b） 0.01μm （c） 0.02μm

（d） 0.03μm （e） 0.04μm

图 3.18 不同填充间距下微坑二维形貌

图 3.19 为激光打标机填充线间距对微坑直径和深度的影响规律曲线图，激光功率采用 90%，扫描次数为 3 次，微坑理论直径为 80μm，其余均采用系统默认参数，填充线间隔分别取 0.005mm、0.01mm、0.02mm、0.03mm、0.04mm。从图中可以看出，随着激光填充线间距增大，微坑直径和深度均减小。其原因是随着填充线间距的增大，微坑内填充线数量减小，加工过程中作用于微坑处的激光能量减小，造成微坑直径和深度减小。图 3.20 为不同填充线间距示意图。

4. 扫描次数对微坑织构质量的影响

图 3.21 为激光功率 90%，扫描次数分别为 1 次、3 次、5 次、7 次、9 次时二维微坑形貌图。当扫描次数为 1 次时，材料表面不能吸收足够的能量造成其圆度较差；当扫描次数为 3 次时，由于前 2 次扫描热能向材料周围传导，造成微坑周围区

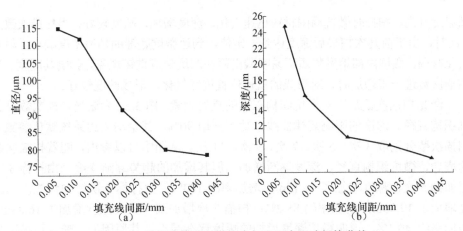

图 3.19　填充线间距对微坑直径和深度影响规律曲线

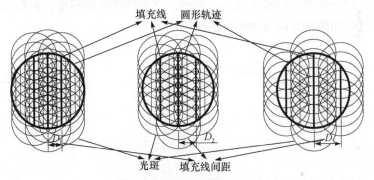

图 3.20　不同填充线间距示意图

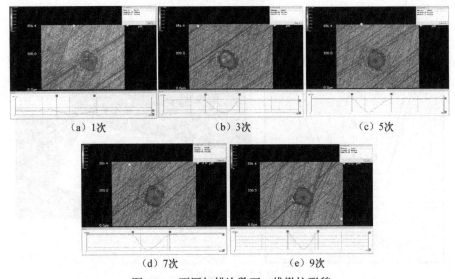

图 3.21　不同扫描次数下二维微坑形貌

域温度升高,扫描时微坑周围材料迅速气化,深度增加,圆度较好;当扫描次数为5次时,由于前几次扫描后深度达到一定值,到达微坑底部的功率密度减小,材料气化减弱,微坑内部熔融物质不易喷溅出而在凹坑形成重铸现象,影响其圆度。当扫描次数进一步增加时,对形成的重铸位置进行气化,形成圆度较好。

激光扫描次数是影响微坑织构深度的重要因素。图 3.22 为激光扫描次数对微坑织构直径、深度的影响规律曲线,功率采用 90%,其余均采用系统默认参数,扫描次数分别取 3 次、5 次、7 次、9 次、11 次。从图中可以看出,随着扫描次数的增加,微坑织构直径、深度逐渐增加,但其增加的趋势逐渐变缓;由打标 3 次增加到 5 次,深度增加了 11.15m,增加率约 103%;由打标 5 次增加到 7 次,深度增加了 19.35m,增加率约 88.2%;扫描 7 次增加到 9 次,深度增加了 16.88m,增加率约 40.1%,说明微坑深度增加的幅度逐渐减小。其原因为,随着扫描次数逐渐增加,凹坑较深,熔渣不易及时排出,产生熔渣重铸现象,如图 3.23 所示,导致微坑直径和深度方向增加幅度的减小。

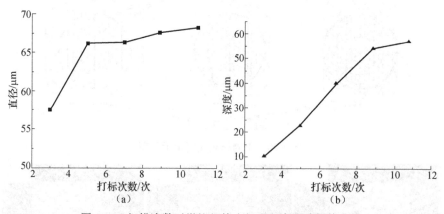

图 3.22 扫描次数对微坑织构直径和深度影响规律曲线

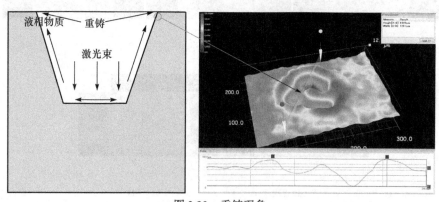

图 3.23 重铸现象

3.4 激光烧蚀对刀具基体材料组织性能影响

在激光能量蚀除材料的同时,激光能量经一定的热传导传递至微织构周围材料,因此在激光作用产生的高温下,组成硬质合金的钴颗粒和碳化物颗粒发生互溶现象,且钴的熔点远小于碳化物的熔点,组成合金的颗粒发生熔化、挥发、再凝固,在硬质合金微织构表面造成一定的元素变化。

3.4.1 基体材料颗粒细化[23]

WC 相,通过扫描电镜观察 WC 形貌一般是三角形和多边形,如图 3.24 所示。图中明亮的区域为 WC,黑暗的区域为 Co。通过扫描电镜观察结果表明:在激光加工出的微织构区域较大尺寸的 WC 颗粒会变得比激光加工前小。

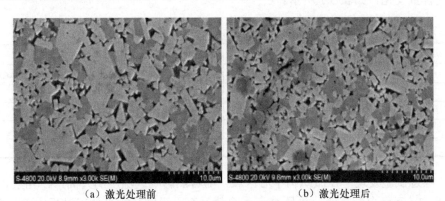

(a) 激光处理前　　　　　　　　(b) 激光处理后

图 3.24　激光加工前后硬质合金刀具表面形貌

3.4.2 微织构表面元素测量

1. 加工前后元素含量对比

在激光加工的过程中,由于激光功率和扫描次数不同,所以产生的热影响区不同,同时热影响区的温度也在变化[24]。在加工过程中由于产生高温,硬质合金刀具表面的元素会和空气中的氧气发生氧化反应。YG6 硬质合金刀具主要是由 WC 和 Co 组成的,一般 WC 在高温的条件下比较稳定,也不易在空气中发生反应。已有研究表明:Co 元素在空气中加热至 300℃以上时会发生氧化反应生成 CoO 和 Co_3O_4,但当温度高于 900℃时最终生成的产物只有 CoO。经过扫描电镜分析,微织构热影响区中心区域氧化程度最高,所以中心区域 O 元素的含量也最多。表 3.6 给出热影响区中心区域元素的含量以及热影响区边缘区域元素的含量。从表中可以看出,热影响区中心区域温度最高,Co 元素的氧化程度也最高,而从中心区域到边缘区域随着温度的降低，Co 元素的氧化程度也在下降。

表 3.6 热影响区元素含量

激光作用中心区域元素含量			织构周围元素含量		
元素	质量分数/%	原子分数/%	元素	质量分数/%	原子分数/%
C	58.17	78.83	C	9.03	54.98
O	18.35	18.66	O	1.01	4.60
Co	2.28	0.63	Co	5.49	6.81
W	21.20	1.88	W	84.48	33.61

YG6 硬质合金刀具的主要成分：WC94%和 Co6%，和一些微小的杂质，如 TiC 和 Tac。使用扫描电镜（SEM）测量 YG6 硬质合金在激光加工微织构前后的元素含量变化，如表 3.7 所示。

表 3.7 激光作用前后元素含量

激光作用前元素含量			激光作用后元素含量		
元素	质量分数/%	原子分数/%	元素	质量分数/%	原子分数/%
C	06.28	47.74	C K	09.22	57.11
O	00.30	01.73	O K	01.11	05.17
Co	03.92	06.08	Co K	01.67	02.11
W	89.49	44.45	W L	88.00	35.60

经过试验发现，在微织构中心区域，随着热影响区温度的升高，C 元素含量升高，W 元素含量降低，并且 O 元素含量升高，说明在激光加工过程中 Co 发生了氧化反应。

2. 织构周围元素含量分布

利用扫描电子显微镜对材料表面的元素分布进行测量，测量位置如图 3.25 所示，图示为未经处理的微坑织构形貌，从图中可以发现，在激光作用结束后，微织构边缘存在大量熔渣凸起，熔渣周围存在喷溅体。从图 3.26（b）和（c）可以看出，在靠近织构边缘位置，钴元素和氧元素含量较高，因此表明织构周围熔融部分钴元素在高温下大量析出，且钴元素在空气中被氧化，氧化主要发生在熔渣凸起部分。随着远离微坑织构边缘的位置，氧元素和钴元素含量逐渐下降，因此说明在远离光斑中心位置，材料表面被氧化程度较小。钴元素析出以及表面氧化程度与激光工艺参数有关，随着激光功率增大，单位面积受到激光能量脉冲冲击越大，温度越高，钴元素析出越多，氧化程度越高，随着激光扫描速度越大，单位面积内激光作用的时间越短，受激光能量冲击越小，温度越低，钴元素析出越少，因此氧化程度较低。

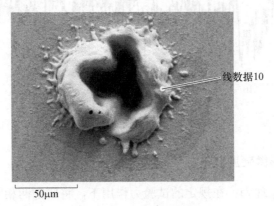

图 3.25 元素测量位置

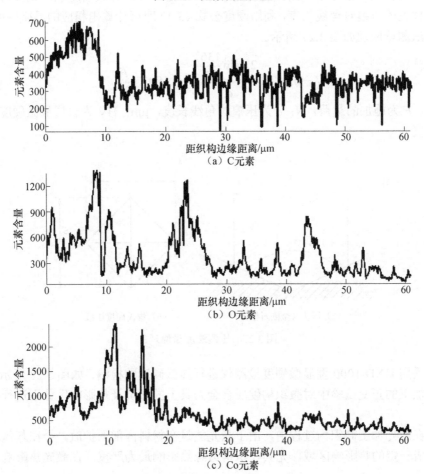

(a) C元素

(b) O元素

(c) Co元素

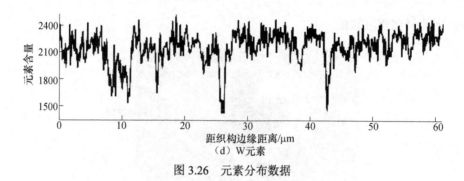

(d) W元素

图 3.26　元素分布数据

3.4.3　基体材料显微硬度变化

硬度计测量原理为：在规定的试验力作用下，将底部两相对面夹角为 136°的金刚石正四棱锥体压入测试的表面，保持规定时间，卸载所施加的试验力，测量试样表面压痕对角线长度，利用硬度公式（3.4）即可计算出相应的显微硬度值，压痕法测量原理如图 3.27 所示。

$$HV = 0.102 \times \frac{2F\sin\frac{136°}{2}}{d^2} \approx 0.1891 \times \frac{F}{d^2} \quad (3.4)$$

式中，F 为施加的载荷，N；d 为压痕对角线长度，μm；HV 为表层显微硬度（维氏硬度）。

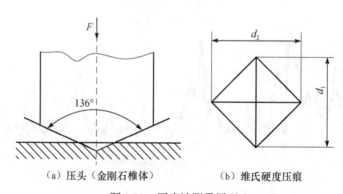

(a) 压头（金刚石锥体）　　　(b) 维氏硬度压痕

图 3.27　压痕法测量原理

采用 HXD-1000 型显微硬度检测仪进行显微硬度的检测，如图 3.28 所示，在激光加工的正交试验中对微织构硬质合金刀具上的微坑及热影响区分别进行硬度测量。

在激光加工微织构过程中，由于激光能量在材料内部的扩散，会在基体材料上形成一定的热影响区域，尤其在织构边缘热影响最为严重，在激光热影响区域

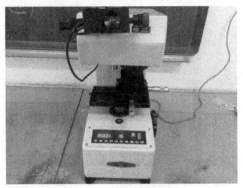

图 3.28 显微硬度检测仪

内,硬质合金材料微观组织结构被改变,在晶粒边界有明显的错位现象,晶格错位导致材料的硬度在一定程度上被提高,在越靠近光斑中心位置处,晶格错位现象越严重,因此材料的硬质最高,在沿光斑中心径向方向上,硬度呈递减趋势[19]。

在激光加工微织构过程中,激光参数的选用对织构周围的热影响区有显著的影响,影响热影响区的激光参数有激光功率、扫描速度、光斑大小、重复频率和扫描次数,其中激光功率、扫描速度和扫描次数三个变量对热影响区的影响最为显著。激光功率、扫描次数和扫描速度对表面硬度的影响如图 3.29~图 3.31 所示。

对于激光作用于材料的影响区域,可将该区域分为光斑中心区和热影响区,在热影响区域内,沿光斑中心至热影响区边缘分别取不同位置进行显微硬度测试。在光斑中心区域,由于材料表面烧蚀严重,形貌凹凸不平,在利用显微硬度测试仪测量时,测量痕迹模糊不清,不易得到材料的显微硬度,在实际摩擦磨损接触过程中,微织构区域的光斑中心区域并不参与接触,而实际接触区域则是光斑周围的热影响区域。

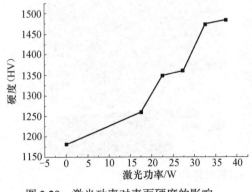

图 3.29 激光功率对表面硬度的影响

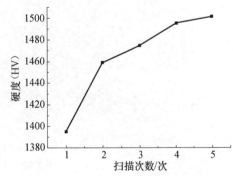

图 3.30 扫描次数对表面硬度的影响

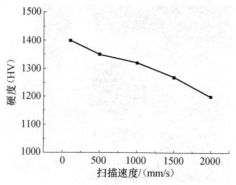

图 3.31 扫描速度对表面硬度的影响

3.5 微织构刀具切削试验

本节搭建微织构刀具铣削钛合金试验平台,采用激光制备的微织构刀具进行铣削钛合金试验,验证其切削性能,基于切削力及磨损程度,与无织构刀具进行对比分析,探究微织构刀具减摩抗磨机理[25]。

3.5.1 方案设计

1. 工件材料和特制夹具

试验采用难加工材料钛合金 TC4。根据前期对球头铣刀铣削斜面几何模型的分析,确定斜面倾角为 15°,将工件安装特制夹具中。工件与特制夹具的安装情况如图 3.32 所示。

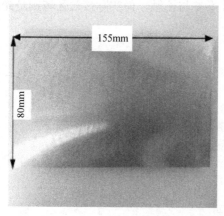
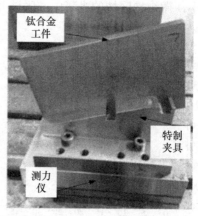

图 3.32 工件及特殊夹具

2. 微织构球头铣刀刀具制备

试验中采用如图 3.33 所示的 ϕ20mm 可转位球头铣刀片,刀片型号为 BNM-200,A=20mm,T=5mm,B=15mm,刀杆型号为 BNML-200105S-S20C,全长为 141mm,材质均为硬质合金。在前刀面上制备微织构,织构参数为直径 50m、深度 30m、间距 125m,加工工艺参数为激光功率 45W、扫描速度 1500mm/s、扫描次数 3 次。

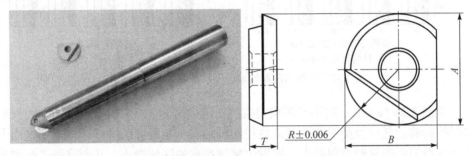

图 3.33 刀杆及铣刀刀片

3. 试验设备

试验设备采用大连机床厂 VDL-1000E 数控铣床,数据采集采用 Kistler9257B 测力仪结合数据采集系统测量三向切削力,具体试验装置如图 3.34 所示。两组试验切削参数相同 v_c=120m/min,f=0.08mm/r,a_c=1mm,a_e=0.5mm。

3.5.2 切削力试验结果分析

图 3.35(a)为切削力随织构与切削刃距离的变化规律。由图可知,切削力随织构与切削刃距离的增加而呈下降趋势。当织构距离切削刃 80μm 时,由于工件宽度较薄,铣削工件前端时

图3.34 试验系统设备

工件颤振比较严重,进给抗力较大,导致切削力较大;当织构位置与切削刃过于接近时,会造成一定的应力集中现象,使得刀具容易发生磨损及崩刃,因此在发挥织构减摩抗磨、降低切削力作用的同时,要保证刀具的强度。切削合力随着偏置角度的增加呈现出先减小后增大的趋势,并且切削力的数值波动幅度较小,故偏置角度对于切削力的影响并不显著,其具体变化规律如图 3.35(b)所示。

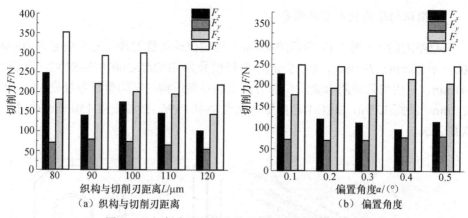

(a) 织构与切削刃距离 (b) 偏置角度

图 3.35 切削力随织构定位及排列参数的变化规律

由图 3.36（a）所示的不同织构类型的切削力可知，织构的形貌对切削力有着重要的影响，任何类型织构的置入均使切削力有一定程度的降低。这主要是由于切屑与前刀面的接触面积减小，即发生摩擦磨损的区域变小，从而降低了摩擦系数，改善了摩擦表面的接触性能。微坑织构、横向沟槽、纵向沟槽、正交织构切削力分别降低 17.1%、16.9%、17.5%、24.1%，可见织构的置入对降低切削力起到了积极的作用。通过比较微织构球头铣刀铣削过程仿真和试验中的切削力数值，如图 3.36（b）所示，得出不同织构类型下切削力仿真值与试验值的对比误差在 15% 之内，验证了有限元仿真结果的可靠性。

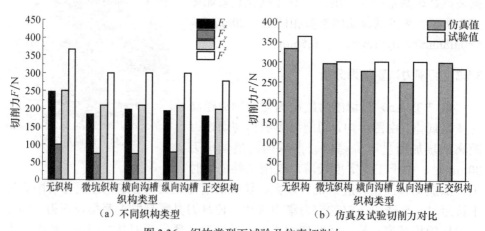

(a) 不同织构类型 (b) 仿真及试验切削力对比

图 3.36 织构类型下试验及仿真切削力

3.5.3 磨损形貌测量分析

图 3.37 为普通硬质合金球头铣刀和微织构球头铣刀铣削钛合金时的刀-屑接

触区域，通过对比发现，微织构球头铣刀与普通刀具相比，其前刀面的刀屑接触长度变短但是宽度变大，表明微织构刀具在切削钛合金过程中改变了切屑厚度比，即刀-屑名义接触长度变长，但实际接触长度变短。

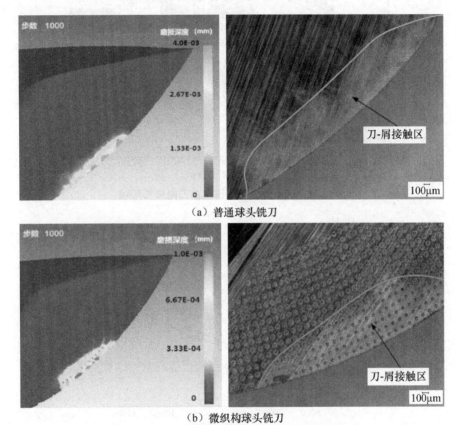

(a) 普通球头铣刀

(b) 微织构球头铣刀

图 3.37 硬质合金球头铣刀刀-屑接触区域

硬质合金微织构球头铣刀和硬质合金普通球头铣刀前刀面磨损形貌图如图 3.38 所示。如图 3.39 所示，随着切削行程的增加，两种刀具前刀面磨损越来越严重；相同的切削行程下，微织构球头铣刀前刀面最大磨损宽度较小，随着切削行程的增大，微织构抗磨的作用越来越明显，原因是微织构的置入，有效减小前刀面上刀-屑接触实际长度，降低切削力，减小了摩擦热的产生，且微织构增大了前刀面的散热面。

图 3.40 为微织构球头铣刀铣削钛合金前后 SEM 图，从图中可以看出微织构球头铣刀前刀面表面微坑内较干净，无杂质填充物，铣削钛合金之后可以明显发现微坑内填充有杂质，经过酒精超声清洗之后，微坑内填充物基本被清洗干净，说明微织构球头铣刀铣削钛合金过程中前刀面上的微坑织构可以捕捉杂质。微坑

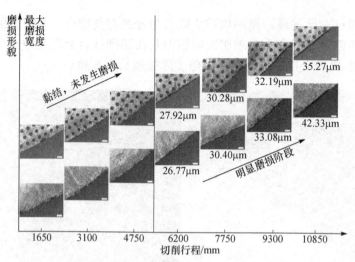

图 3.38 硬质合金球头铣刀前刀面磨损形貌

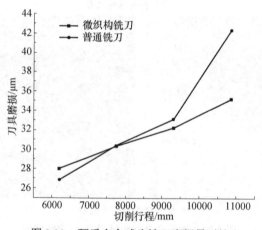

图 3.39 硬质合金球头铣刀磨损量对比

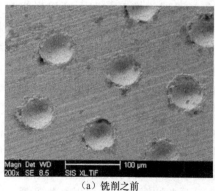

(a) 铣削之前

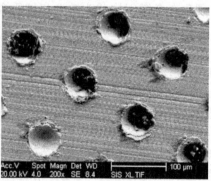

(b) 铣削之后

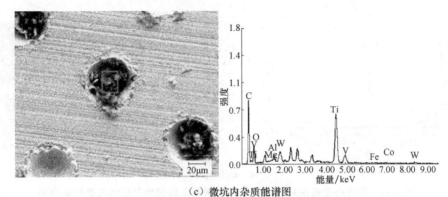

(c) 微坑内杂质能谱图

图 3.40 微织构球头铣刀铣削钛合金前后 SEM 图

内杂质含有大量的钛合金元素 Ti、Al、V,进一步说明了微坑内的杂质为钛合金切屑杂质磨粒。因此,微织构具有捕获杂质、减小前刀面的磨粒磨损的作用。

图 3.41 为硬质合金微织构球头铣刀铣削钛合金后切削刃处的形貌和能谱图,(a)、(b)、(c) 分别为同一把球头铣刀铣削钛合金后前刀面不同位置能谱图。从图中可以明显看出,在前刀面切削刃处黏结有钛合金材料,(c) 表面上的黑色杂质含有大量的钛合金成分,应为铣削钛合金过程中形成切屑杂质。

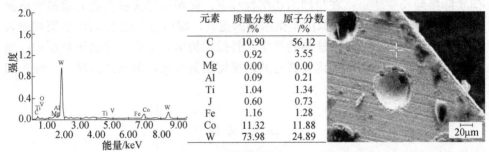

元素	质量分数/%	原子分数/%
C	10.90	56.12
O	0.92	3.55
Mg	0.00	0.00
Al	0.09	0.21
Ti	1.04	1.34
J	0.60	0.73
Fe	1.16	1.28
Co	11.32	11.88
W	73.98	24.89

(a) 基体能谱图

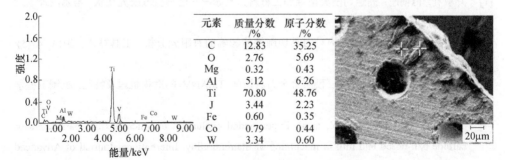

元素	质量分数/%	原子分数/%
C	12.83	35.25
O	2.76	5.69
Mg	0.32	0.43
Al	5.12	6.26
Ti	70.80	48.76
J	3.44	2.23
Fe	0.60	0.35
Co	0.79	0.44
W	3.34	0.60

(b) 黏结物能谱图

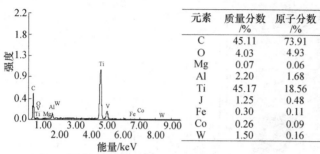

(c)黏结物能谱图

图 3.41 硬质合金微织构球头铣刀铣削钛合金后切削刃处的形貌和能谱图

3.6 本章小结

本章研究了微织构激光制备过程，为保证微织构加工质量、优化激光加工工艺参数、获得更好的微织构表面减摩效果做出了有益探索：通过微织构球头铣刀铣削试验验证，微织构球头铣刀前刀面的磨损长度较短而宽度较大，表明微织构刀具在切削钛合金过程中改变了切屑厚度比，即刀-屑名义接触长度变长，但实际接触长度变短；在相同的切削行程下，微织构球头铣刀前刀面最大磨损宽度比普通球头铣刀小，原因是微织构的置入，减小前刀面上实际刀-屑接触长度，降低切削力，减小摩擦热的产生，且微织构增大了前刀面的散热面积；通过能谱分析发现，微坑织构能够有效地捕捉切屑磨粒，降低磨粒磨损，保护刀具，延长刀具寿命。

参 考 文 献

[1] 郑敏利, 范依航. 高速切削典型难加工材料刀具摩擦与磨损机理研究现状. 哈尔滨理工大学学报, 2011, 6(16):22-30.

[2] 邵世超, 谢峰. 仿生微织构对刀具切削性能影响的有限元分析. 工具技术, 2013, 47(5): 8-12.

[3] 姜增辉, 王琳琳, 石莉, 等. 硬质合金刀具切削 Ti6Al4V 的磨损机理及特征. 机械工程学报, 2014, 50(1):178-184.

[4] Yang SC, Liu W, Zhang Y, et al. Experimental evaluation on micro-texture parameters of carbide ball-nosed end mill in machining of titanium alloy. International Journal of Advanced Manufacturing Technology, 2017, (4):1-11.

[5] Yang S C, Liu W, Ji W, et al. A novel method of experimental evaluation on BTA tool

geometries. Advanced Manufacturing Technology, 2017, (91):4253-4261.

[6] 臧运峰. 五轴加工中心球头铣刀切削力建模及对加工质量影响研究. 沈阳：东北大学硕士学位论文, 2011.

[7] 孟龙. 钛合金高速铣削过程建模. 上海：上海交通大学硕士学位论文, 2013

[8] 姜彬, 郑敏利, 李振加, 等. 球头铣刀切削力的预报. 哈尔滨理工大学学报，2001, 6(6):20-24.

[9] 孙华亮, 涂杰松, 商宏飞, 等. 织构对涂层刀具切削性能影响的有限元分析及实验研究. 现代制造工程, 2013, (9):1-6.

[10] 张永康. 激光加工技术. 北京：化学工业出版社, 2004.

[11] 陈世平, 刘艳中, 杜江, 等. 发动机气缸内表面激光微织构工艺试验研究. 现代制造工程, 2015, (11):99-105.

[12] 陈辉. 光纤激光打标机打孔工艺研究. 无锡：江南大学硕士学位论文, 2011.

[13] 符永宏, 王祖权, 纪敬虎, 等. SiC 机械密封环表面微织构激光加工工艺. 排灌机械工程学报, 2012, 30(2):209-213.

[14] 张培耘, 华希俊, 符永宏, 等. 激光表面微织构工艺试验及应用研究. 表面技术, 2013, 42(5):55-58.

[15] 厉淦, 沈明学, 孟祥铠, 等. 316L不锈钢沟槽型表面微织构减摩特性实验研究. 功能材料, 2015, 46(2):2033-2037.

[16] 苏永生, 李亮, 何宁, 等. 激光加工硬质合金刀具表面微织构的试验研究. 中国激光, 2014, 41(6):60-66.

[17] 王洪涛, 朱华. 圆环形微凹坑织构表面的摩擦性能. 润滑与密封, 2015, 40(1)：49-52.

[18] El-Wardany T I, Kishawy H A, Elbestawi M A. Surface integrity of die material in high speed hard machining. Part 1: Micrographical analysis. Journal of Manufacturing Science & Engineering, 2000, 122(4):620-631.

[19] 蒋克强. 高速铣削参数对加工表面质量影响的初步研究. 武汉：华中科技大学硕士学位论文, 2009.

[20] 孙厚忠. PCD刀具高速铣削钛合金表面完整性研究. 南京: 南京航空航天大学硕士学位论文, 2012.

[21] Soo S L, Hood R, Aspinwall D K, et al. Machinability and surface integrity of RR1000 nickel based superalloy. CIRP Annals—Manufacturing Technology, 2011, 60(1):89-92.

[22] 李小兵, 赵磊, 刘文广, 等. 准分子激光加工参数对表面形貌影响的模糊分析. 机械科学与技术, 2004, 23(11):1272-1274.

[23] Zhang K, Deng J, Xing Y, et al. Effect of microscale texture on cutting performance of WC/Co-based TiAlN coated tools under different lubrication conditions. Applied Surface Science, 2015, 326:107-118.

[24] Bordin A, Bruschi S, Ghiotti A. The effect of cutting speed and feed rate on the surface integrity in dry turning of CoCrMo alloy. Procedia Cirp, 2014, 13:219-224.

[25] 王亮. 表面微织构刀具切削钛合金的试验研究. 南京: 南京航空航天大学硕士学位论文, 2012.

第4章 表面微织构减摩抗磨性能

摩擦磨损是工业设备失效的主要原因之一，据统计，大约有 80%的零件损坏是由于各种形式的磨损引起的。磨损不仅消耗能源和材料，而且会加速设备报废、导致频繁更换零件，造成极大的经济损失。因此，在保证零件具有高效性、高寿命及高可靠性的同时，减少零部件之间的接触摩擦变得越来越重要。随着加工技术的发展，可以通过特定的加工方法在物体表面加工出不同类型的微织构来进一步研究物体表面形貌对表面润滑和摩擦磨损特性的影响。本章通过对摩擦磨损过程进行有限元仿真，初步优选出织构类型。利用光纤激光器在硬质合金表面上制备出各种类型织构形貌，通过球-盘摩擦磨损试验，研究干摩擦条件下，织构直径、织构深度、织构中心距及织构类型对盘试件及球试件磨损形貌的影响，探索不同织构参数下的减摩抗磨性能，确定球试件及盘试件的磨损形式，研究表面微织构参数对硬质合金表面摩擦性能的影响，分析载荷、摩擦速度对硬质合金微织构表面摩擦性能的影响[1]。

4.1 微织构摩擦磨损过程仿真分析

有限元分析方法是一种非常有效的数值分析方法，其仿真结果能够将应变、应力、温度、形变等物理量可视化。因此，把有限元模拟仿真引入摩擦磨损过程的计算中，不但可以提高分析效率及精度，还能减少设计过程中的试验量。本节分别建立了环形件与盘试件摩擦磨损模型、微织构摩擦副摩擦磨损模型，以全面分析微织构参数在摩擦磨损过程中起到的作用。

4.1.1 摩擦磨损有限元模型的建立

有限元模型的合理简化可有效节约计算时间。在钛合金加工过程中，当钛合金处于较短的刀-屑接触距离内时，切屑运动方式近似直线面接触滑动，因此将刀-屑摩擦接触面简化成直线滑动[2]。上滑块简化成一个尺寸为 0.5mm×0.1mm×0.1mm 的规整滑块，下滑块简化成一个尺寸为 0.5mm×0.3mm×1mm 的滑块，如图 4.1 所示。本节采用 UG 9.0 建立不同形式微织构三维模型，如图 4.2 所示。

4.1.2 边界条件与载荷

定义接触属性法向行为采用"硬接触"，即接触面传递的接触压力大小不受

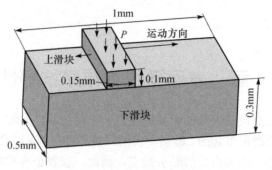

图 4.1 仿真模型建立

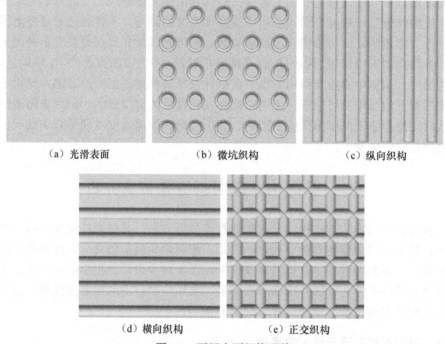

图 4.2 不同表面织构形貌

限制，接触面的压力变为负值或者零值时表示两个接触面发生分离。下滑块底部面采用全约束，即三个平动和三个转动自由度全部为零。上滑块沿 Y 轴正向运动 0.5mm。上滑块上表面施加 3.5MPa 载荷。

创建三个边界条件：

（1）在初始分析步中，定义下滑块底面上的所有节点自由度为零，即 U1=U2=U3=UR1=UR2=UR3=0，并且延续到后续分析步。

（2）在初始分析步中，选择边界条件为上试件顶部的 Y 方向位移 U2，且

U2=0。

（3）在第二分析步中，定义上滑块沿 $Y+$ 方向移动，即 U2=0.5mm。

4.1.3 不同形状微织构表面接触应力分析

为了分析不同形式微织构对滑动摩擦过程中等效应力的分布规律，分别采用微坑织构、横沟槽织构、纵沟槽织构、正交沟槽织构四种不同的微织构形式来进行试验。为了尽可能减小由于不同微织构间尺寸不同造成的影响，应保证横沟槽、纵沟槽、正交沟槽三种织构形式宽度尺寸与微坑织构直径相同[3]。

表 4.1 给出四种不同形式微织构等效应力分布云图。由表可以看出，纵沟槽织构和微坑织构等效应力分布较为相似，纵沟槽应力最大值为 22.42MPa，位置分布在纵沟槽两侧边缘；微坑织构应力最大值为 23.9MPa，位置分布在微坑边缘。两种织构在滑动摩擦过程中应力横向、纵向影响区域大小基本相同。横沟槽织构等效应力最大值为 35.5MPa，当其受力较大时，易出现较大面积磨损甚至是织构边缘整体压溃，这会加剧硬质合金刀具磨损，致使切削工况更加恶劣，所以此类织构不宜作为改善刀具切削性能的微结构使用。正交织构等效应力横向、纵向影响区域较其余织构更小，但是其最大应力值远远超过其余织构最大值，相同的载荷条件下其承载能力更弱。所以，以等效应力分布为目标分析，微坑织构更加有利于作为硬质合金刀具切削钛合金切削性能的微观结构。

表 4.1 四种不同形式微织构等效应力分布云图

视图	光滑摩擦副	微坑织构	纵向织构	横向织构	正交织构
主视图					
侧视图					

4.1.4 光滑摩擦副和微坑织构摩擦副摩擦过程应力分析

表 4.2 为光滑摩擦副和微坑织构摩擦副摩擦磨损过程等效应力分布云图。上滑块的底边前后附近均产生应力集中现象，且主要产生于前边界，说明摩擦过程中摩擦力分布不均匀，应力主要集中在前部，是影响摩擦磨损性能的主要因素；下滑块的上表面附近也产生应力集中现象，但是其主要集中在后部，原因是上滑块前边界滑过之后在某个位置形成一定的应力集中，且造成一定的变形，在经过上滑块后部时，又造成一定的应力集中，与之前形成的未完全释放的应力集中叠加，造成后部应力集中大于前部应力集中[4]。

表 4.2 摩擦磨损过程等效应力分布云图

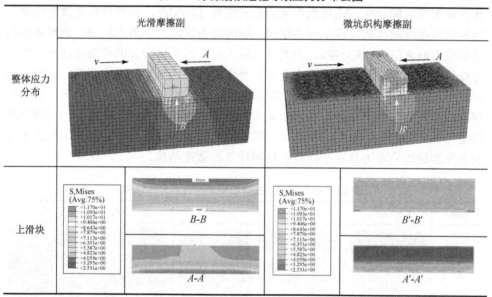

光滑摩擦副应力集中区域明显大于微坑织构摩擦副，影响区域内有明显的应力梯度现象，应力由 4.87MPa 递减到 3.90MPa，较大区域内应力很大，导致下滑块的整体应力分布不均匀，摩擦过程中此区域易发生磨损，同时产生较强的连带效应，引起周边区域磨损。而微坑织构摩擦副虽然也有应力集中现象，且应力值较光滑摩擦副大，但其应力集中区非常小，对下滑块摩擦磨损影响较小。光滑摩擦副上滑块下表面右侧一直处于应力集中状态，发生磨损，造成恶性摩擦工况，磨损区会从右向左延伸。微坑织构的存在使实际接触面积减小，导致最大接触应力增大，但其在上滑块的位置不断发生变化；上下滑块接触表面不存在长时间处于高应力集中的状态，有利于缓解表面磨损[5]。

图中箭头所示方向是上滑块运动方向，光滑摩擦副表面在滑动摩擦过程中，前端等效应力影响区是以比较规律的带状区域沿运动方向推进，且前端的影响区域比后端小，但是与微坑织构表面相比影响区域较大，如光滑摩擦副整体应力分布图所示。从微坑摩擦副整体应力分布图中可以看出：等效应力影响区域并没有沿运动方向向前推进，其影响区域明显较小，仅局限在滑块边界附近；实际接触面积减小导致应力值相应增大；说明微坑织构具有吸收接触应力、改变应力分布的作用[6]。

如表 4.2 中下试件侧面等效应力分布图所示，光滑摩擦副等效应力能够传递到下试件底部，而微坑织构摩擦副等效应力往试件内部传递较少，对下滑块影响区域较小，进一步证明了织构化表面具有吸收应力的作用。

如表 4.2 中光滑摩擦副和微坑织构摩擦副上滑块接触表面的等效应力分布图所示，图中 B-B 为与光滑表面接触的上滑块底面应力分布，底面前部形成很明显的应力集中带，产生较大的应力梯度，容易造成底面前部较大磨损。与此相对应的 B'-B' 为与织构化表面接触的上滑块底面应力分布，底面前部并没有形成明显的应力集中带，只是在两个微坑与上滑块接触位置形成应力集中，由于接触面积减小造成应力集中值较大，但其影响区域较小，不易造成严重的磨损[7]。

4.2 硬质合金刀具材料摩擦磨损试验

4.2.1 摩擦磨损试验原理和方法

1. 试样制备

试验选用 13mm×13mm×4.5mm 硬质合金 YG6，首先将其表面研磨抛光至表面粗糙度 R_a=0.1μm，然后将试件放入丙酮清洗以去除表面油污等杂质，待其干燥后进行激光加工。激光器的波长为 1064nm，光斑直径为 40μm，加工参数设定为脉冲频率 10kHz，脉宽 5～25ns，扫描速度 5mm/s，光斑重叠率 90%，激光加工后将试样表面进行研磨抛光，以去除微织构边缘形成的熔渣。图 4.3 为最终制备的表面微织构图。

2. 试验材料

本试验中，上试件采用钛合金 TC4，其材料组成为 Ti6Al4V，属于α+β型钛合金，其化学成分、物理及力学性能分别如表 4.3、表 4.4 所示；下试件采用 YG6 硬质合金刀片，其刀具性能如表 2.2 所示[8]。

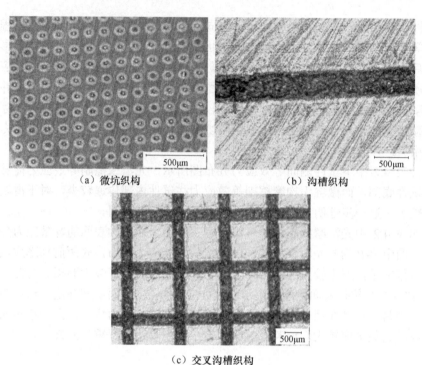

（a）微坑织构　　　　　　　　　（b）沟槽织构

（c）交叉沟槽织构

图 4.3　硬质合金表面不同形状微织构

表 4.3　Ti6Al4V 的化学成分

元素	Al	V	Fe	C	N	H	O	Ti
含量/%	5.5～6.8	3.5～4.5	≤0.30	≤0.10	≤0.05	≤0.015	≤0.20	余量

表 4.4　Ti6Al4V 的物理及力学性能

硬度(HRC)	密度/(kg/m^3)	熔点/℃	比热容/(J/(kg·K))	传热系数/(W/(m·K))	泊松比(ν)	屈服强度/MPa	弹性模量/GPa
36	4428	1605	1012	7.955	0.41	825	110

3. 试验设备

试验采用图 4.4 所示的德国布鲁克公司生产的 UMT-2 摩擦磨损试验机。试验装置主要包括夹具、配副销、测力传感器、硬质合金块、工作台和旋转主轴。通过夹具夹持上试件，钛合金对摩球在伺服电机控制下可以实现上下、左右高精度运动；由电机控制承载下试件硬质合金微织构表面的工作台转速。本试验过程中采用的运动形式为旋转运动，即上试件保持不动，下试件做旋转运动；摩擦副接触形式为点-面高副接触，上试件采用球状，通过机械加工保证球面大小统一，并保证一定的表面质量。下试件采用硬质合金机夹方形刀片，为将其固定在试验机托盘中,将其镶嵌在牙托粉当中,并制成圆柱状,如图 4.4 所示。

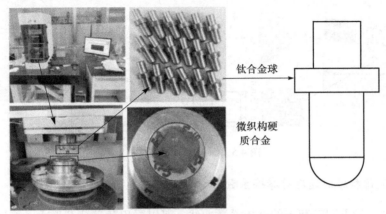

图 4.4 摩擦磨损试验装置示意图及试样安装

4.2.2 硬质合金微织构表面摩擦性能试验研究

表面微织构具有减摩、抗黏附和提高耐磨性的作用,给刀具切削加工难加工材料(钛合金等)带来新的研究方向。本节针对硬质合金-钛合金摩擦副,研究表面微织构参数对硬质合金表面摩擦性能的影响,分析载荷、摩擦速度对硬质合金微织构表面摩擦性能的影响,在硬质合金微织构表面铣削难加工材料方面做出有益探索[9]。

1. 试验设计条件及方法

本节试验采用硬质合金盘试件及钛合金球试件,在盘试件的上表面加工出一定的均匀排列的织构形貌。本次试验盘试件采用尺寸为 15.875mm×15.875mm×4.76mm 的硬质合金刀片进行镶嵌,硬质合金刀片牌号为 YG6,将铣刀片分成四个部分,每一部分针对微坑织构进行不同尺寸参数的加工[10]。

在进行织构加工之前,采用 600 目、800 目、1200 目及 2000 目砂纸进行研磨。加工时,利用正天 ZY-YD-50 型光纤激光器进行微织构的加工,激光加工参数选取激光输出功率为 70W,激光频率为 20kHz,扫描速度为 1500mm/s,激光波长为 1064nm。由于激光加工瞬间高温会使织构周围出现熔融残留物,这些熔融残留物的堆积会在微坑周边产生毛刺,使得盘试件表面变得不平整,对摩擦磨损试验结果的准确性造成一定程度的影响,需对毛刺进行清除[11]。首先利用砂纸去除织构边缘的毛刺,然后采用超声波清洗机清洗试样,清洗液为丙酮,为保证清洗效果,清洗时间为 15min,超声波清洗能够高效去除微织构周围及内部的污垢及残留物,最终将盘试件表面清洗干净。织构制备过程如图 4.5 所示。

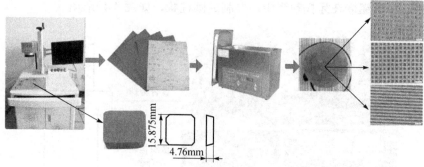

图 4.5　织构试样制备过程

2. 载荷和摩擦速度对摩擦系数影响

图 4.6 为不同载荷下的摩擦系数曲线，可以看出随着载荷增大，摩擦系数整体呈现减小的趋势。

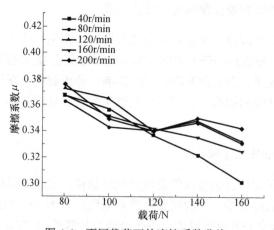

图 4.6　不同载荷下的摩擦系数曲线

图 4.7 为摩擦系数随摩擦速度的变化曲线。微织构试样的摩擦系数随着转速的提高呈现先减小后变大的趋势，表明载荷越大，微织构表面摩擦过程中转速对摩擦系数影响越大。

摩擦磨损有限元仿真结果表明，在不同织构类型中，微坑织构等效应力值相对较小，且作用深度不大，并无明显的等效应力梯度，微坑织构减摩抗磨性能相对较好。摩擦磨损试验主要针对微坑织构类型研究盘试件及球试件的磨损形貌。试验共进行四组单因素试验，前三组试验为分析微坑织构直径、深度及中心距对盘试件磨损的影响程度，织构单因素试验参数如表 4.5 所示；第四组试验为在相同参数下无织构、微坑织构、沟槽织构、交叉沟槽织构不同织构类型的摩擦磨损试验，不同织构类型织构尺寸参数均保持一致，直径为50μm，深度为15μm，间距为90μm[12]。单因素试验方案如表4.6所示。

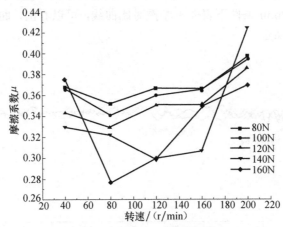

图4.7 不同转速下的摩擦系数曲线

表4.5 织构单因素试验参数

微坑织构参数	第一组试验	第二组试验	第三组试验
直径 D/μm	30,40,50,60,70	50	50
深度 H/μm	10	10,15,20,25,30	10
间距 L/μm	90	90	60,70,80,90,100

表4.6 单因素试验方案

| 序号 | 微坑织构参数 | | | 对摩速度 | 载荷 | 摩擦系数 |
	直径 D/μm	深度 H/μm	中心间距 L/μm	n/(r/min)	F_z/N	
1	70					0.3818
2	80					0.3949
3	90	10	140			0.3954
4	100					0.4
5	110					0.4056
6		10				0.4015
7		15				0.3990
8	90	20	140	100	40	0.4024
9		25				0.3738
10		30				0.3902
11			120			0.3912
12			130			0.3846
13	90	10	140			0.3764
14			150			0.39
15			160			0.3966

4.2.3 硬质合金微织构表面干摩擦性能分析

图 4.8 为微坑织构、沟槽织构、交叉沟槽织构三种不同类型织构在载荷 F_z=40N、对摩速度 n=100r/min 条件下表面干摩擦对比曲线,可以看出,曲线变化过程基本相同,摩擦过程稳定。

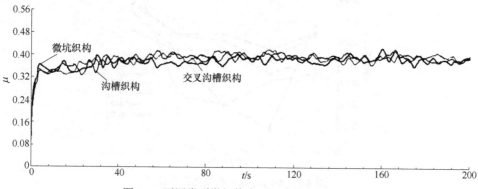

图 4.8 不同类型微织构表面干摩擦对比曲线

如图 4.9 所示,微坑织构平均摩擦系数为 0.379,最大摩擦系数为 0.495;沟槽织构平均摩擦系数、最大摩擦系数分别为 0.3877、0.495;交叉沟槽织构平均摩擦系数、最大摩擦系数分别为 0.3891、0.537。对比发现,交叉沟槽织构平均摩擦系数和最大摩擦系数均较大,且其差值较大,说明摩擦过程波动较大;微坑织构平均摩擦系数最小,更加适合作为改善摩擦接触状态的织构形式。

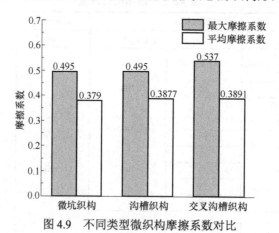

图 4.9 不同类型微织构摩擦系数对比

图 4.10 和图 4.11 给出了光滑、微坑织构、润滑微坑织构表面摩擦对比曲线。可以看出,光滑表面摩擦过程中摩擦系数有频繁的振荡现象,平均值为 0.437,最大值为 0.614,其振动振幅较大。微坑织构表面摩擦系数较为稳定,整个过程中没

有较大的振动,平均值为 0.3785,较光滑表面降低 13.4%,最大值为 0.446,较光滑表面降低 27.4%,说明微坑织构具有一定的减摩效果,原因是织构的存在起到了捕获磨屑等杂质的作用,从而减少磨粒磨损[13]。通过对比发现,填充固体润滑剂 MoS_2 的织构表面摩擦过程更加稳定,基本无振荡现象,平均摩擦系数为 0.07034,最大摩擦系数为 0.149,摩擦系数显著降低,原因是 MoS_2 结构的基面之间具有低黏着能力和低抗剪强度,有效隔离上下配副表面,具有较低摩擦系数,且由于微坑的存在储存了一定量的固体润滑剂,在摩擦过程中能够持续提供润滑;前 100s 摩擦系数有起伏增大现象,之后降低趋于稳定,原因是织构表面本身存在一些润滑剂,摩擦初期摩擦系数较低,随着摩擦进行表面润滑剂逐渐被消耗而未能得到补充,摩擦系数有增大趋势,一定时间之后摩擦高温和磨粒进入微坑共同作用,使润滑剂 MoS_2 析出提供持续润滑,故摩擦系数有所降低[14]。

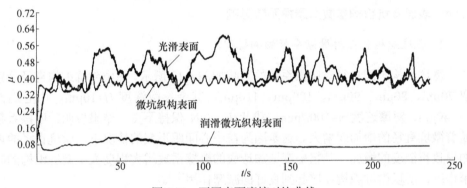

图 4.10 不同表面摩擦对比曲线

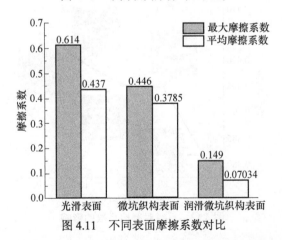

图 4.11 不同表面摩擦系数对比

微坑织构、沟槽织构、交叉沟槽织构在固体润滑剂 MoS_2 作用下的摩擦对比曲线如图 4.12 所示,对比发现微坑织构在润滑状态下具有良好的摩擦状态,交叉沟槽织构和沟槽织构在固体润滑状态的摩擦效果并没有明显改善。

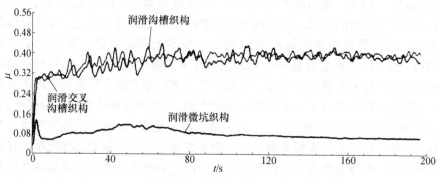

图4.12 不同形式微织构润滑状态下摩擦对比曲线

4.2.4 表面微坑织构参数对摩擦系数影响

1. 微坑织构直径对摩擦系数影响规律

微坑织构不同直径对摩擦系数的影响如图4.13所示。图中微坑织构直径分别取70μm、80μm、90μm、100μm、110μm，其余参数深度H=10μm、中心间距L=140μm、对摩速度n=100r/min、载荷F_z=40N保持不变。结果表明，摩擦系数随着微坑直径的增加而增大。这是因为在中心间距不变的情况下，微坑直径的增加导致粗糙度的增加，其粗糙度增加造成的摩擦系数增大程度大于微坑织构的减摩程度，所以微坑织构能够起到良好的减摩作用[15]。

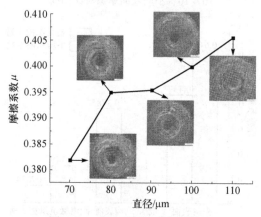

图4.13 直径对摩擦系数的影响

2. 微坑织构深度对摩擦系数影响规律

微坑织构不同深度对摩擦系数的影响如图4.14所示。图中微坑织构深度分别取 10μm、15μm、20μm、25μm、30μm，其余参数直径 D=90μm、中心间距 L=140μm、对摩速度 n=100r/min、载荷 F_z=40N 保持不变。随着微坑深度的增加，摩擦系数先减小后增大，原因是深度的增加能够容纳更多的磨屑磨粒，延缓发生磨粒磨损的时间，但是由于微坑深度由打标次数保证，所以在深度加大的过程中会相应导致直径增大，引起摩擦系数的增加。

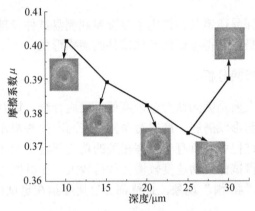

图 4.14 深度对摩擦系数的影响

3. 微坑织构间距对摩擦系数影响规律

微坑织构不同中心间距对摩擦系数的影响如图 4.15 所示。图中微坑织构间距分别取 120μm、130μm、140μm、150μm、160μm，其余参数直径 D=90μm、中心间距 L=140μm、对摩速度 n=100r/min、载荷 F_z=40N 保持不变。

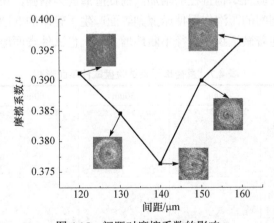

图 4.15 间距对摩擦系数的影响

由图 4.15 可以看出，随着微坑中心间距的增大，摩擦系数先减小后增大，且在微坑中心间距为 140μm 时取得最小摩擦系数 0.3764。这是由于较小的中心间距导致微织构表面粗糙度显著增大,抵消减摩效果引起摩擦系数增大而造成;然而,过大的间距造成微坑织构密度过小,无法起到有效的减摩效果。

4.3 微织构表面磨损形貌分析

本节采用超景深显微镜与扫描电子显微镜观测盘试件及球试件的磨损形貌,并进行能谱分析,最终获得盘试件及球试件的磨损形式。

4.3.1 盘试件磨损形貌分析

磨损形貌形成主要是因为钛合金硬度低于硬质合金,钛合金球试件在磨损过程中表面损伤撕裂而形成磨屑,磨屑对摩擦副表面产生耕犁作用,导致摩擦表面出现破损。在摩擦过程中,所有与摩擦相关的功全部转化为热量,导致摩擦副表面温度升高。由于盘试件转动速度较慢且载荷较大,在机械运动及热运动作用的共同作用下,出现"黏-滑"现象,最终部分磨屑黏结在盘试件表面。

1. 直径单因素试验盘试件磨损形貌分析

表 4.7 为超景深显微镜观测下球-盘接触试件在干摩擦的条件下,改变微坑织构直径并且保持其他条件恒定得到的盘试件表面形貌。可以看出,整体磨损的面积较大并且相对严重,纹路模糊,表面有磨损残留的磨痕。织构直径为 70μm 时,磨损面积较小且磨损比较均匀,黏结现象不太明显,但磨损表面划痕严重。进行磨损试验时,随着微坑织构直径的增加,捕捉磨屑能力增强,在摩擦磨损过程中,较少磨屑在摩擦副间的犁沟作用使摩擦副表面产生了轻微的磨削痕迹,减轻了表面的损伤。因此,随着微坑织构直径不断地增大,大盘试件表面磨损程度有所减弱。

表 4.7 直径单因素试验盘试件表面形貌

直径	30μm	40μm	50μm	60μm	70μm
整体	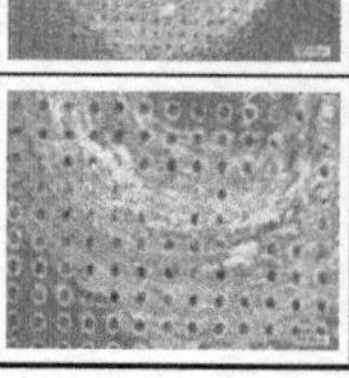	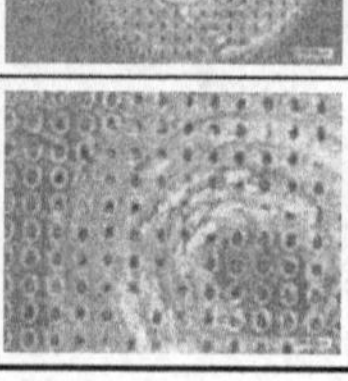	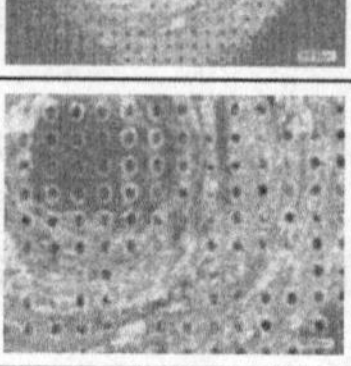	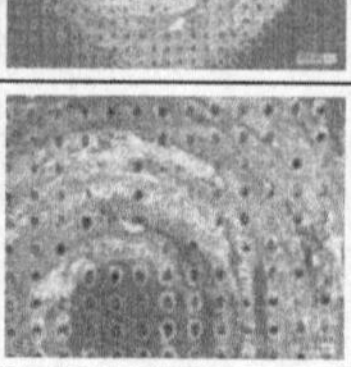	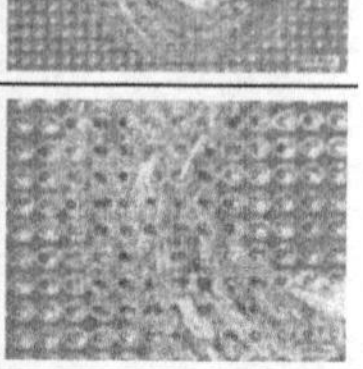
局部放大					

2. 深度单因素试验盘试件磨损形貌分析

表 4.8 给出织构深度单因素试验盘试件表面形貌。通过单因素改变微坑织构的深度，盘接触试件的表面形貌变化明显，微坑织构深度对盘试件磨损形貌具有一定的影响。当织构深度为 25μm 和 30μm 时，表面形貌磨损的面积较大，纹路模糊，但黏结情况相对较轻，随着微坑织构深度的增加，同样能够增加微坑织构捕捉磨屑的能力，降低表面磨损程度。当微坑织构深度较小时，过多的磨屑在摩擦副之间，耕犁作用相对严重。

表 4.8 深度单因素试验盘试件表面形貌

深度	10μm	15μm	20μm	25μm	30μm
整体	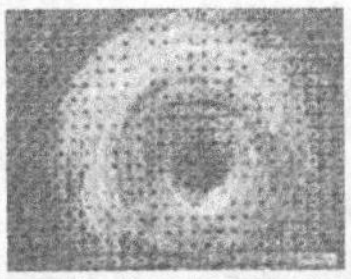	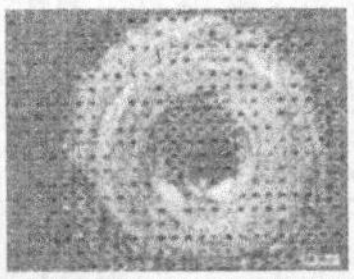	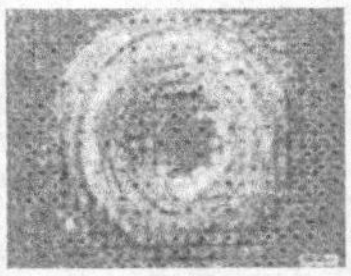	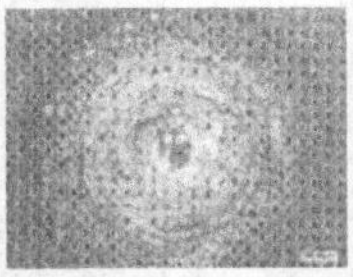	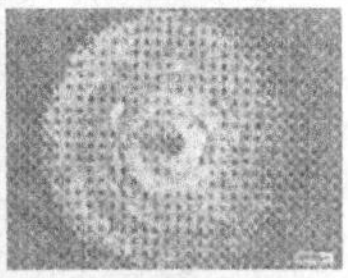
局部放大	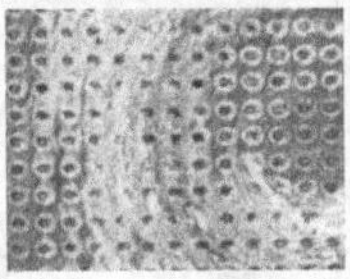	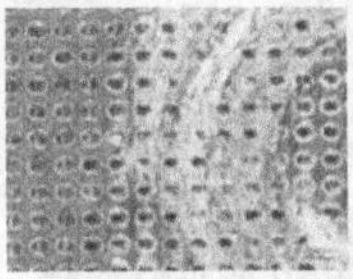	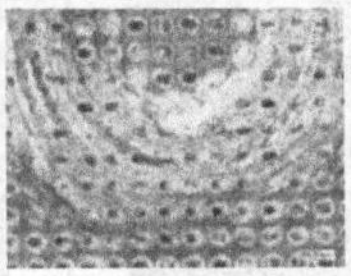	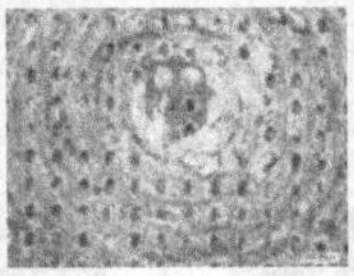	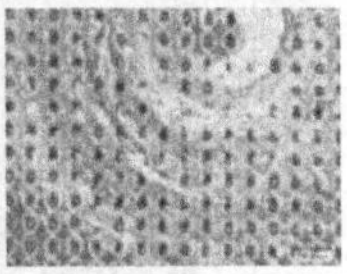

3. 间距单因素试验盘试件磨损形貌分析

表 4.9 为间距单因素试验盘试件的表面形貌。在不同间距下，盘试件磨损形貌面积并无较大差距。当织构间距为 100μm 时，表面损伤情况比较严重，黏结现象明显。由上可知，随着织构间距的增加，盘试件表面形貌磨损现象逐渐加重。这是由于随着微坑间距增加，摩擦过程中与球试件接触的微坑织构数量变少，微坑织构的面密度降低，盘试件捕捉磨屑能力降低，从而加剧材料的磨损。

表 4.9 间距单因素试验盘试件表面形貌

间距	60μm	70μm	80μm	90μm	100μm
整体	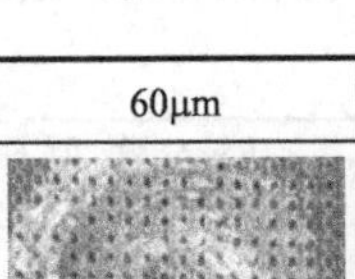	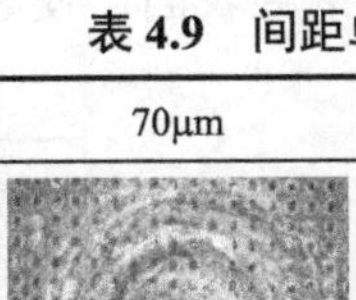	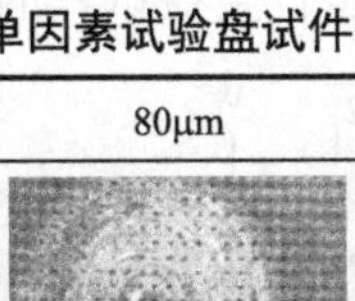	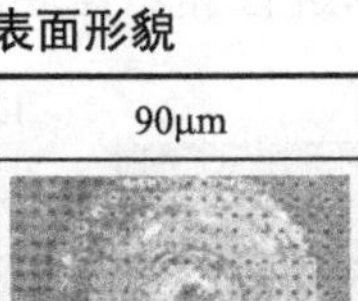	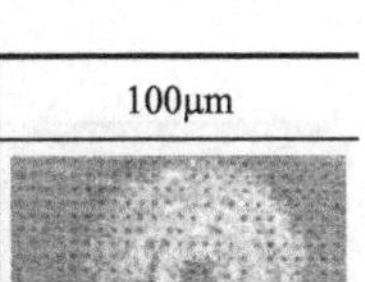
局部放大	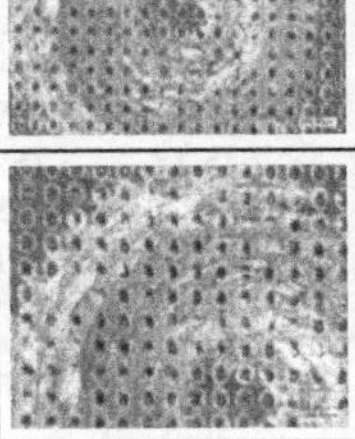	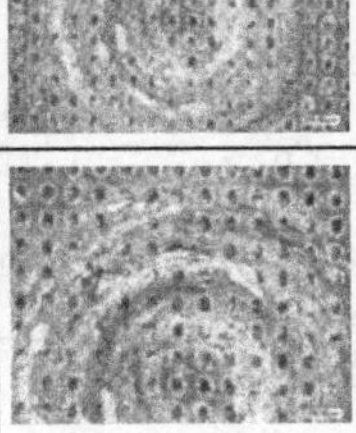	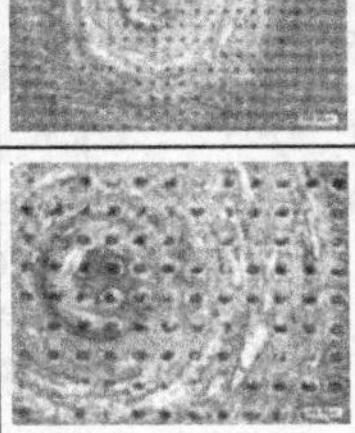	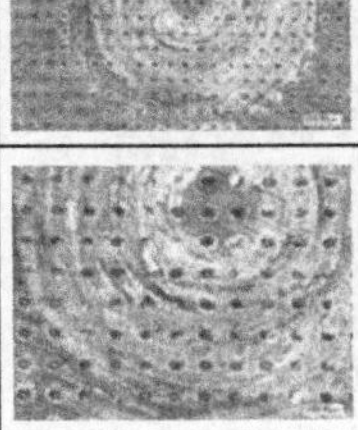	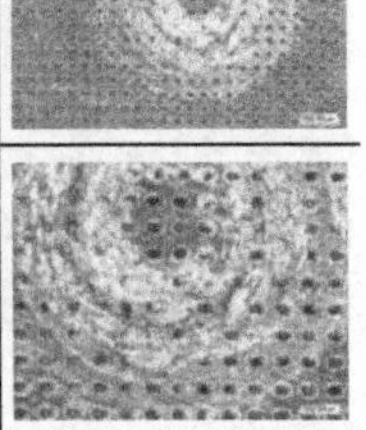

4. 不同织构下盘试件磨损形貌分析

表 4.10 为不同织构下盘试件表面形貌。可以看出，在相同载荷及转速的情况下，四种方式都产生擦伤磨损，属于轻微磨损。微坑织构磨损较其他三种情况磨损情况较轻，但磨损面积相对较大。无织构、正交织构、条纹织构磨损面积相差不大，正交织构及条纹织构已将织构形貌完全磨掉，说明磨损深度较大并且表面耕犁现象比较严重，进一步说明微坑织构减摩抗磨性能优于正交织构及条纹织构。

表 4.10　不同织构类型下盘试件表面形貌

类型	无织构	微坑织构	正交织构	条纹织构
整体				
局部放大				
三维形貌				

5. 盘试件磨损形貌能谱分析

盘试件磨损表面 SEM 及能谱分析如图 4.16 所示。在摩擦磨损过程中，在硬质合金盘试件表面含有 Ti、Al 等钛合金材料基体元素，主要由于钛合金材料硬度较低且为黏塑性材料，在摩擦过程中由于温度较高，从基体中脱落的钛合金磨屑随着摩擦磨损的进行黏结在硬质合金盘试件的接触表面，使摩擦副接触区出现较

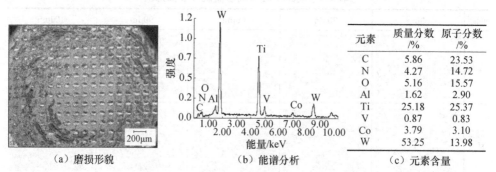

元素	质量分数 /%	原子分数 /%
C	5.86	23.53
N	4.27	14.72
O	5.16	15.57
Al	1.62	2.90
Ti	25.18	25.37
V	0.87	0.83
Co	3.79	3.10
W	53.25	13.98

(a) 磨损形貌　　(b) 能谱分析　　(c) 元素含量

图 4.16　盘试件磨损表面 SEM 及能谱分析

多磨粒。黏结在盘试件上的钛合金材料在后续的摩擦力及剪切的作用下容易脱落而形成片状磨屑，有时会带走部分盘试件材料，产生黏结剥落。

填充微量润滑条件下，单个微坑磨损表面 SEM 及能谱分析如图 4.17 所示。单个微坑中含有 Ti、Al、V 等钛合金材料基体元素，进一步证明微坑可以起到捕捉磨屑的作用，黏结在盘试件表面的钛合金磨屑较少，进而减轻了盘试件的磨粒磨损及黏结磨损。

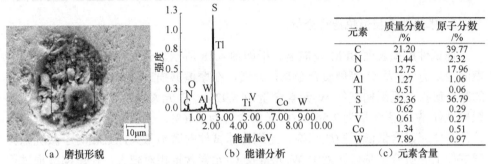

(a) 磨损形貌　　　　　(b) 能谱分析　　　　　(c) 元素含量

图 4.17　单个微坑磨损表面 SEM 及能谱分析

4.3.2　球试件磨损形貌分析

由于不同尺寸参数下球试件表面磨痕并无明显差距，本节不进行详细分析叙述，主要分析不同织构类型下球试件的磨损形貌，并对微坑织构及无织构情况下球试件进行化学元素分析，获得球试件的磨损类型及得出织构的减摩抗磨性能。

1. 不同织构下球试件磨损形貌分析

表 4.11 为不同织构下球试件的表面形貌。不同织构下球试件的磨损形貌大不相同，在相同倍率下，无织构情况下的球试件面积最小，磨损量最大，同时表面磨损严重，磨屑相对较大且黏结现象明显。由于在磨损过程中，无织构情况下产生了较多的磨屑，摩擦力做功产生热量使磨屑堆积在盘试件表面，从而加剧了球试件的磨损。随着摩擦磨损试验的进行，盘试件表面黏结堆积磨屑逐渐增多，球试件磨损速率加快，表面磨损程度加剧，当磨损达到一定程度时，球试件磨损形式为黏着磨损，伴随着表面材料发生大面积的脱落。微坑织构、正交织构、沟槽织构球试件面积相差不大，磨损量无较大差距，且只产生轻微的磨粒磨损，表面黏结现象不明显，球试件的磨损情况得到了明显的改善。根据不同织构类型球试件磨损形貌分析可知，表面织构的存在有效地减小了摩擦副球试件的磨损程度。

表 4.11　不同织构下球试件的表面形貌

无织构	微坑织构	正交织构	沟槽织构
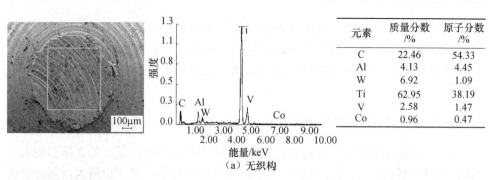			

2. 球试件磨损形貌能谱分析

球试件磨损表面 SEM 及能谱分析如图 4.18 所示。无织构及微坑织构球试件表面上均有 W 及 C 等硬质合金基体元素，在摩擦磨损过程中都发生了一定程度的黏结磨损。无织构试件 W 元素含量为 6.92%，C 元素含量高达 22.46%；微坑织构试件 W 元素含量为 2.56%，C 元素含量为 1.46%；无织构下 Ti、Al、V 等球试件基体元素含量低于微坑织构。无织构球试件的磨损量大，且相对于微坑织构球试件上硬质合金基体元素中 W 元素及 C 元素含量相对较大，在摩擦磨损过程中微坑织构磨损程度较为轻微且产生的黏结程度较轻。因此，微坑织构能够明显减小球试件表面的黏结磨损。

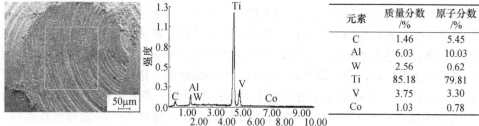

图 4.18　球试件磨损表面 SEM 及能谱分析

由于两种材质硬度相差较大,更多发生的是钛合金球的磨损。图 4.19 为钛合金球摩球磨损量计算示意图。钛合金球的磨损体积可以看作球贯,其体积计算公式为

$$V = \int_{\frac{\sqrt{D^2-d^2}}{2}}^{\frac{D}{2}} \pi \left(\frac{D^2}{4} - y^2 \right) \mathrm{d}y \\ = \frac{1}{12}\pi D^3 - \frac{1}{24}\sqrt{D^2-d^2}(2\pi D^2 + \pi d^2) \tag{4.1}$$

式中,D 为钛合金球的直径;d 为钛合金球磨痕的直径。

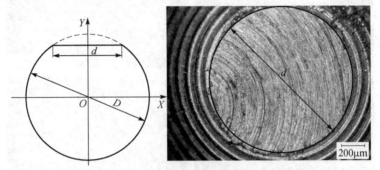

图 4.19　钛合金对摩球磨损量的计算示意图

图 4.20 是不同微织构表面在载荷 40N、转速 100r/min 下对摩 4min,测量上试件对摩球磨损的体积。可以发现,磨损体积 $V_{交叉沟槽} > V_{沟槽} > V_{光滑} > V_{微坑}$,光滑摩擦副对摩条件下对摩球的磨损体积较大,较微坑摩擦副对摩条件下磨损体积增加 16.6%,这是由于摩擦过程中上试件长时间处于应力集中状态,更容易发生磨损,而微坑摩擦副条件下上试件应力集中区处于动态运动状态,不易发生磨损。

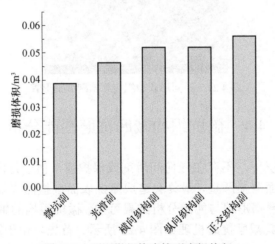

图 4.20　不同微织构摩擦副磨损体积

从图 4.21 中可以看出，沟槽摩擦副和交叉沟槽摩擦副下黏结磨损较为严重，其中交叉沟槽摩擦副最为严重，沟槽摩擦副次之，微坑摩擦副最轻；沿着旋转方向，光滑摩擦副对摩球在前端容易发生黏结磨损，微坑摩擦副未发现相似的现象，说明微坑织构相对更适合作为改善摩擦性能的织构形式[16]。

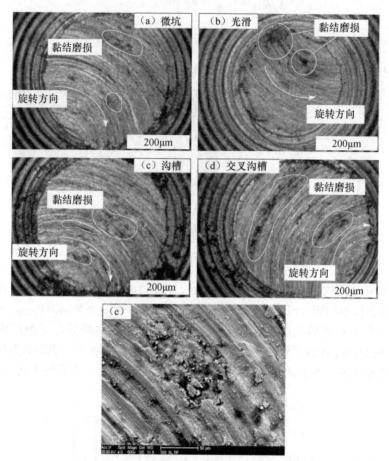

图 4.21 不同形式微织构摩擦副磨损形貌

4.4 微坑织构减摩抗磨性能分析

在干摩擦情况下，不存在任何润滑剂或保护膜，由于是两表面直接接触，摩擦系数大，表面磨损严重，最终会造成摩擦表面破损而失效。通过盘试件磨损形貌、球试件磨损形貌与能谱分析结果可知，微坑织构的置入能够降低其表面的磨损程度，其减摩抗磨机理如图 4.22 所示。首先，由于微坑织构的置入，在摩擦磨损过程中，球试件发生磨损所脱落的磨屑，微坑织构能够及时捕获，磨屑将被微坑织构储存，减少了磨屑对摩擦副表面产生的耕犁作用，减轻摩擦副表面的磨损程度[17]。摩擦过程中大部分做功都转化为热量，导致摩擦接触区域内温度较高，磨屑易黏结在基体表面上，对摩擦副表面进行进一步耕犁作用，织构的置入能够在一定程度上增加热传导面积，可以加快热量传递，磨损区域外的织构可以增大基体表面与空气的对流换热面积，使热量能够更快的向外散失，降低基体表面的黏结磨损。由于微坑织构的置入，摩擦副表面的实际接触长度有所减少，即摩擦磨损发生的区域有所减小，可达到降低表面摩擦系数及磨损程度的目的[18]。

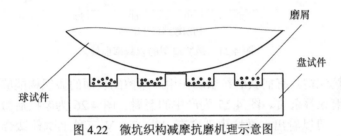

图 4.22 微坑织构减摩抗磨机理示意图

由摩擦磨损试验结果可知，物体表面几何形貌对摩擦系数有较大影响，在所有试验条件下微坑织构的摩擦系数最小。图 4.23 为微坑织构减摩原理分析图。

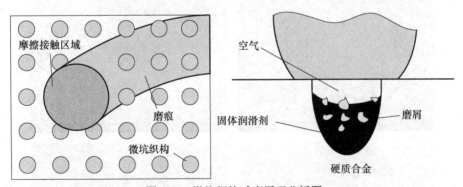

图 4.23 微坑织构减摩原理分析图

（1）微坑织构能够减少实际接触面积。在摩擦副摩擦磨损过程中，合理的表面微织构设计在不影响机械结构强度条件下，减小摩擦副材料的实际接触面积，显著地改变了接触面的压力，压力变化影响接触面的承载率（承载率指实际接触面积与接触面积间的比值）。图 4.24 为一个微坑造型面的承载率曲线，随着两个接触面之间的靠近，承载率逐渐增大，实际接触面积增大，摩擦系数减小。

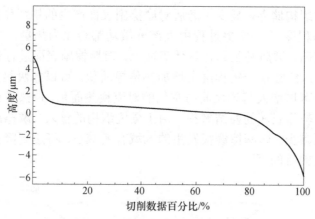

图 4.24 微坑造型的承载率曲线

（2）微坑织构具有捕获磨粒杂质作用。摩擦副表面的微织构能够捕获摩擦过程中产生的磨粒等杂质。图 4.25 为产生的磨屑。图 4.26 为摩擦后微坑织构内部能谱分析图。可以看出，微坑内部含有 Al、Ti、V 三种上试件钛合金特有的元素，说明摩擦过程中微坑具有捕获摩擦磨损过程中产生的细小切屑、磨粒等杂质的作用[19]。

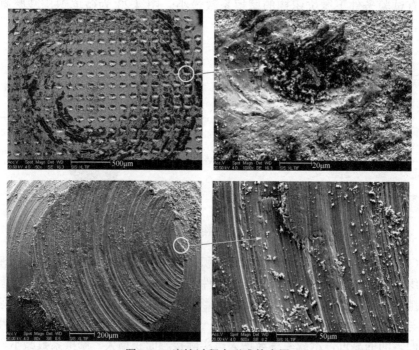

图 4.25 摩擦过程中形成的磨屑

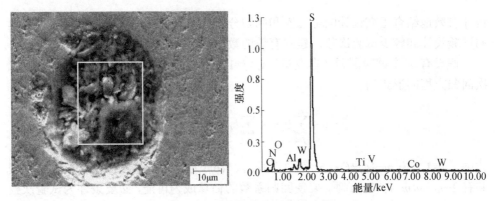

图 4.26　微坑织构内部能谱分析

（3）在添加固体润滑剂或者液体润滑剂的情况下，微坑织构能够储存一定量的润滑剂，由于载荷和摩擦高温的作用，填充在微坑织构中的固体润滑剂被迫析出，涂敷在运动摩擦表面上形成润滑膜，尤其是摩擦副处于润滑不足条件下，微坑中的润滑剂能够起到"二次润滑"的作用[20]。

图 4.27 为微坑织构在添加固体润滑剂 MoS_2、载荷 40N、转速 100r/min 下对摩 6min 时，上试件磨损区域的能谱分析图。磨损后区域表面含有大量的 S 元素，说明微坑织构能够为摩擦接触区域持续提供润滑剂的作用。

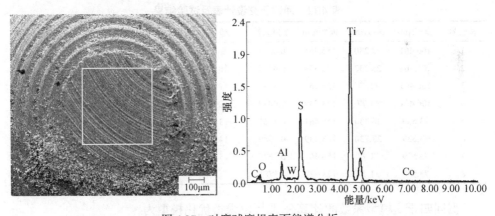

图 4.27　对摩球磨损表面能谱分析

4.5　硬质合金球头铣刀微织构参数优化

4.5.1　硬质合金球头铣刀微织构参数优化模型建立

以往建立的预测模型当中，有很多是根据经验公式求解相关系数，从而建立优化模型；也有根据响应曲面法、回归分析法、人工神经网络等方法。回归正交设计有效地结合正交设计的可控性和回归分析预测、优化的优点，可以获得合理的试验设计和较少试验次数，建立有效的数学模型。

假设有 m 个试验因素（自变量）x_j $(j=1,2,\cdots,m)$，试验指标为因变量 y，则二次回归方程的形式为

$$\hat{y} = a + \sum_{j=1}^{m} b_j x_j + \sum_{k<j} b_{kj} x_k x_j + \sum_{j=1}^{m} b_{jj} x_j^2 \qquad (4.2)$$

式中，$k=1,2,\cdots,m-1(j\neq k)$；$a$、$\{b_j\}$、$\{b_{kj}\}$、$\{b_{jj}\}$ 为回归系数。可以看出，该方程共有 $1+m+m(m-1)/(2+m)$ 项，要使回归系数的估算成为可能，必要条件为试验次数 $n>1+m+m(m-1)/(2+m)$，同时为了计算出二次回归方程的系数，每个因素至少取 3 个水平。

4.5.2 微织构参数优化

根据回归正交设计方法，获得回归正交组合设计表，利用激光打标机在硬质合金刀具材料表面制备微坑织构试件，采用摩擦磨损试验机进行摩擦磨损试验，环境温度为 20℃，载荷为 40N，转速为 100r/min，试验结果如表 4.12 所示。

表4.12 回归正交设计表及试验结果

试验号	直径/μm	深度/μm	间距/μm	摩擦系数	试验号	直径/μm	深度/μm	间距/μm	摩擦系数
1	106.461	28.230	156.461	0.4023	9	110	20	140	0.4174
2	106.461	28.230	123.539	0.4115	10	70	20	140	0.3899
3	106.461	11.77	156.461	0.3867	11	90	30	140	0.4022
4	106.461	11.77	123.539	0.4032	12	90	10	140	0.3904
5	73.539	28.230	156.461	0.3861	13	90	20	160	0.3917
6	73.539	28.230	123.539	0.3989	14	90	20	120	0.4044
7	73.539	11.77	156.461	0.3825	15	90	20	140	0.3926
8	73.539	11.77	123.539	0.3781					

据回归正交模型系数的计算公式[11]，求得优化模型为

$$\begin{aligned} y = &\ 0.2643 - 0.5534\times 10^{-3} x_1 + 0.2681\times 10^{-3} x_2 + 1.9853\times 10^{-3} x_3 \\ &+ 5.933\times 10^{-6} x_1^2 - 4.972\times 10^{-5} x_2^2 - 6.06\times 10^{-6} x_3^2 \end{aligned} \qquad (4.3)$$

式中，y、x_1、x_2、x_3 分别为微坑织构表面摩擦系数、直径、深度、间距。

对各个系数进行显著性验证，方差分析结果表明，所建立的回归方程以及各偏回归系数都达到显著水平。

根据极值的必要条件：$\dfrac{\partial y}{\partial x_1}=0$，$\dfrac{\partial y}{\partial x_2}=0$，$\dfrac{\partial y}{\partial x_3}=0$，解得

$$x_1=46.6，x_2=27，x_3=123$$

即微坑织构直径为 46.6μm、深度为 27μm、间距为 123μm 时，摩擦系数取得最小值 0.3755。

4.6 本章小结

本章首先进行摩擦磨损过程有限元仿真分析，获得了不同织构类型下盘试件的应力分布状态；通过摩擦磨损试验，分析了不同织构参数下，钛合金球试件及硬质合金盘试件的磨损形貌；并对球试件磨损表面进行能谱分析，进一步分析了球试件的磨损特点。本章得到以下结论：

（1）通过环-盘摩擦磨损过程有限元仿真，对比分析不同织构类型下盘试件应力分布状态，微坑织构最大等效应力值相对较小，应力作用面积相对较小，且作用深度不大，微坑织构能够起到一定的减摩抗磨作用。

（2）针对微坑织构类型，进行球-盘摩擦磨损过程试验，比较微坑直径、深度、间距及类型对球试件及盘试件的磨损情况。可以看出，随着微坑直径及深度的增加，盘试件磨损程度有所减弱，但随着微坑间距的增加，盘试件表面磨损现象严重。

（3）微坑织构直径、深度及间距对球试件磨损的影响并不显著，不同织构类型下，无织构球试件磨损面积较小但磨屑相对较大且黏着磨损现象比较严重，微坑织构、正交织构、沟槽织构球试件只产生轻微的磨粒磨损，上试件的磨损情况得到了明显的改善。

（4）微坑织构的置入达到减摩抗磨的作用是由于能够及时捕获从基体材料脱落的磨屑，同时，增加了热传导面积，加快热量传递，并且摩擦副表面的实际接触长度有所降低。

参 考 文 献

[1] 徐铭, 文东辉, 戴勇, 等. PCBN 刀具切削中锯齿形切屑形态的动态切削力识别. 金刚石与磨料磨具工程, 2005, (6): 62-65.

[2] 董申, 周明, 袁哲俊. 刀具刃口质量对超光滑切削表面完整性的影响. 仪器仪表学报, 1996, (S1): 410-413.

[3] 范依航, 郑敏利, 杨树财, 等. 高效切削钛合金时刀具磨损试验分析. 沈阳工业大学学报, 2011, (2): 166-171.

[4] 胡天昌, 胡丽天, 丁奇. 45#钢表面激光织构化及其干摩擦特性研究. 摩擦学学报, 2010, 30(1): 46-52.

[5] 张保森, 张凯, 周衡志. 激光织构化表面 MoS_2 薄膜的减摩抗磨性能. 热加工工艺, 2015, (2): 150-153.

[6] 姚倡锋, 武导侠, 靳淇超, 等. TB6 钛合金高速铣削表面粗糙度与表面形貌研究. 航空制造技术, 2012, 417(21): 90-93.

[7] 陈文刚, 冯少盛. 表面微织构钛合金在不同对摩角度下的减摩抗磨特性. 功能材料, 2015, 46(22): 22080-22084.

[8] 刘丽娟, 吕明, 武文革, 等. 高速铣削钛合金 Ti-6Al-4V 切屑形态试验研究. 机械工程学报, 2015, 51(3): 196-205.

[9] 杜随更, 吕超, 任军学, 等. 钛合金 TC4 高速铣削表面形貌及表层组织研究. 航空学报, 2008, 29(6): 1710-1715.

[10] 杨树财, 王志伟, 张玉华, 等. 微织构球头铣刀加工钛合金的有限元仿真. 沈阳工业大学学报, 2015, 37(5): 530-535.

[11] 刘泽宇, 魏昕, 谢小柱, 等. 激光加工表面微织构对陶瓷刀具摩擦磨损性能的影响. 表面技术, 2015, (10): 33-39.

[12] 张为, 郑敏利, 徐锦辉, 等. 钛合金 Ti6Al4V 车削加工表面硬化实验. 哈尔滨工程大学学报, 2013, (8): 1052-1056.

[13] 吴泽, 邓建新, 元婷, 等. 微织构自润滑刀具的切削性能研究. 工具技术, 2011, 45(7): 18-22.

[14] 孙厚忠. PCD 刀具高速铣削钛合金表面完整性研究. 南京: 南京航空航天大学硕士学位论文, 2012.

[15] 王宝林. 钛合金 TC17 力学性能及其切削加工特性研究. 济南: 山东大学博士学位论文, 2013.

[16] 赵运才, 韩雪, 刘宗阳. 多形织构界面摩擦特性及润滑数值计算. 北京: 冶金工业出版社, 2014.

[17] 杨树财, 王志伟, 张玉华, 等. 表面微坑织构对球头铣刀片结构强度的影响. 沈阳工业大学学报, 2015, 37(3): 312-317.

[18] 徐微, 郑敏利, 杨树财, 等. 高速铣削淬硬钢刀具刃口对表面粗糙度影响试验研究. 航空精密制造技术, 2010, 46(5): 57-59.

[19] 陈燕, 杨树宝, 傅玉灿, 等. 钛合金 TC4 高速切削刀具磨损的有限元仿真. 航空学报, 2013, 34(9): 2230-2240.

[20] 姚倡锋, 张定华, 黄新春, 等. TC11 钛合金高速铣削的表面粗糙度与表面形貌研究. 机械科学与技术, 2011, 30(9): 1573-1578.

第5章 微织构刀具切削过程热-力耦合行为

微织构球头铣刀铣削钛合金过程属于断续切削。在切入过程中，由于工件的剪切滑移以及刀具与切屑的挤压、摩擦使刀具温度迅速升高，在切出的过程中刀片上的温度又急剧下降，微织构球头铣刀在切削钛合金的过程中受到周期性的热应力冲击。同时，在切削的过程中，刀片还受到工件的挤压变形以及与切屑、工件的摩擦产生的力，因此会在刀具上产生机械应力。在热应力和机械应力相互作用下，刀片产生了冲击，进而产生了刀具的磨损与破损。因此，对微织构球头铣刀铣削钛合金过程的热-力耦合行为进行研究，对提高微织构球头铣刀的切削性能是十分有意义的。

5.1 微织构硬质合金球头铣刀铣削钛合金试验

随着摩擦学领域提出表面微织构技术，一些学者逐渐开始研究表面微织构的减摩抗磨作用，这给金属切削加工领域中刀具的磨损研究带来了新的方向[1]。因此，首先在刀具前刀面设计合理的微织构加工区域，对球头铣刀铣削钛合金过程中的刀-屑接触区域进行理论分析计算；然后通过有限元仿真和试验来确定刀-屑接触区域；最后经计算得到微织构在前刀面的加工区域后，采用光纤激光器加工制备微织构，并且使用超景深显微镜观察微织构的表面形貌。

5.1.1 微织构激光制备

1. 微织构加工区域分析

切削钛合金时，刀-屑之间的摩擦力作用在刀具前刀面上，影响着切屑的形成、切削力、切削温度、刀具的磨损以及已加工表面的质量等。因此，在刀具前刀面刀-屑接触区内置入微织构，从而达到减摩抗磨作用，对提高刀具的切削加工性能具有十分重要的意义。在切削加工时，刀-屑接触区内存在紧密型接触区与峰点型接触区[2]，如图5.1所示，接触区类型直接影响着刀-屑接触区的摩擦状态。

在峰点接触区，如图5.1(a)为峰点型接触，当所受压力增加时，实际接触面积也会随着增大。增大的方式以增加接触点的数目为主，以增大峰点的接触面积为副。载荷集中在正在接触的峰点上，承受载荷的峰点的应力达到了屈服极限，产生塑性变形；因此，实际接触面积为

$$A_r = \frac{F_N}{\sigma_s} \tag{5.1}$$

式中，F_N为两接触面的载荷（法向力）；σ_s为两接触材料的挤压屈服极限。

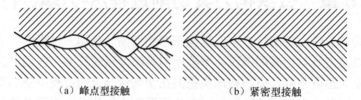

(a) 峰点型接触　　　　(b) 紧密型接触

图 5.1　峰点型与紧密型接触示意图

对于金属切削，摩擦力为

$$F_r = \tau_s A_r \tag{5.2}$$

式中，τ_s为抗剪强度。

因此，峰点型接触的摩擦系数为

$$\mu = \frac{\tau_s A_r}{F_N} \tag{5.3}$$

其中

$$A_r = \frac{F_N}{\sigma_s} \tag{5.4}$$

峰点型接触的摩擦系数是两个常数的比值，所以峰点型接触的摩擦系数也是一个常数，服从古典摩擦法则。

在紧密接触区，当实际接触面积A_r随法向力增大，达到理论接触面积A_σ时，这两个摩擦面发生的接触称为紧密型接触，如图5.1（b）所示。A_σ是理论接触面积，当A_r达到理论接触面积A_σ时，即使继续增大法向力F_N，实际接触面积也不会随着增大，始终等于理论接触面积。

对于紧密型接触，摩擦力为

$$F_\gamma = \tau_s A_\sigma \tag{5.5}$$

因此，摩擦系数为

$$\mu = \frac{\tau_s A_\sigma}{F_N} \tag{5.6}$$

紧密型接触的摩擦系数是一个变数。如果理论接触面积不变，摩擦系数则随着法向力的增大而减小，随着法向力的减小而增大；如果法向力不变，摩擦系数则随着理论接触面积的增大而增大，随着理论接触面积的减小而减小。因此，紧密型接触的摩擦不服从古典摩擦法则。

金属切削加工过程中，由于法应力分布不均匀，靠近切削刃附近比较大，远离切削刃附近比较小，所以在刀-屑接触长度方向上存在两种类型的接触。在刀具前刀面刀-屑接触区靠近切削刃附近属于紧密型接触区，摩擦不服从古典摩擦法则，它的摩擦系数是个变值。在前刀面远离切削刃处属于峰点型接触，摩擦服从古典摩擦法则，各点的摩擦系数相等。在一般的切削条件下，来自紧密型接触区的摩擦力占全部摩擦力的85%。因此，紧密型接触区的摩擦起主要作用。在研究刀屑的摩擦时，应以紧密型接触区的摩擦为主要依据。

为了描述切削区域的瞬时变化过程，首先建立两坐标系，如图5.2所示，$X_wY_wZ_w$为工件坐标系，该坐标系由工件的加工位置决定，通常在工件坐标系下定义刀具轨迹、工件模型和加工原点等。$x_cy_cz_c$设为刀具所在的坐标系，以当前刀具所在位置为坐标系原点。两坐标系的换算关系为

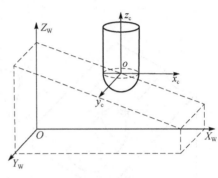

图 5.2 坐标系示意图

$$\begin{cases} x_c = X_w - x_o \\ y_c = Y_w - y_o \\ z_c = Z_w - z_o - R_o \end{cases} \quad (5.7)$$

式中，(x_c, y_c, z_c) 与 (X_w, Y_w, Z_w) 分别为任意一点的刀具所在位置坐标系和工件坐标系的坐标值；(x_o, y_o, z_o) 为刀具刀尖工件坐标系中的坐标值。

在球头铣刀铣削加工中，为了对切削几何模型进行简化，把上个刀路形成的表面看成圆柱面的一部分，把刀刃线上点的摆线轨迹看作圆形轨迹。由于刀具半径 R 远大于每齿进给量 f，所以把球头刀-屑接触区域看作球面的一部分。图5.3 为球头铁刀斜面铣削的刀-屑接触区示意图，以下为各个相关表面的表达式。

（1）前刀路生成表面：

$$(y_c - a_e)^2 + (z_c - x_c \tan\alpha)^2 = R^2 \quad (5.8)$$

（2）前一刀齿生成表面：

$$(x_c - f\cos\alpha)^2 + y_c^2 + (z_c - f\sin\alpha)^2 = R^2 \quad (5.9)$$

（3）刀具与工件的接触区域：

$$x_c^2 + y_c^2 + z_c^2 = R^2 \quad (5.10)$$

（4）未被加工的表面：

$$z_c = -x_c \tan\alpha - (R - a_c)/\cos\alpha \qquad (5.11)$$

（5）当前刀路生成表面：

$$x_c^2 + y_c^2 = R^2 \qquad (5.12)$$

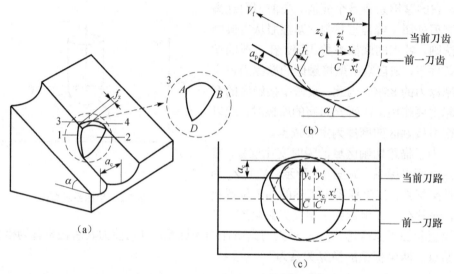

图 5.3 球头铣刀斜面铣削的刀-屑接触区域示意图

将球头刀-屑接触区域部分中刀具与工件的接触区域局部放大，从图 5.3（a）虚线部分可以看到，弧 AD、弧 DB 和弧 BA 三条曲线围成了接触区域，由于这三条曲线均为对应两曲面的交线，所以可得出相应的表达式如下。

（1）$\overset{\frown}{AD}$ 为球面 3 和前刀路 1 的交线：

$$x^2 + 2ya_e - a_e^2 + z^2 - 2xz\tan\alpha + x^2\tan^2\alpha = 0 \qquad (5.13)$$

（2）$\overset{\frown}{DB}$ 为球面 2 和当前刀路 5 的交线：

$$-2xf\cos\alpha + f^2\cos^2\alpha + z^2 - 2zf\sin\alpha + f^2\sin\alpha = 0 \qquad (5.14)$$

（3）$\overset{\frown}{BA}$ 为工件表面 4 和球面 3 的交线：

$$x^2 + y^2 + x^2\tan^2\alpha + \frac{2x\tan\alpha(R - a_p)}{\cos\alpha} + \frac{(R - a_p)^2}{\cos^2\alpha} - R^2 = 0 \qquad (5.15)$$

图 5.3（b）为切削区域在 x_c-z_c 平面内的投影，图中 $C'x_c'y_c'z_c'$ 为前一刀齿的坐标系，$Cx_cy_cz_c$ 为当前刀齿的坐标系，同理，图 5.3（c）是 x_c-y_c 平面内相邻两刀具路径图。根据给定刀具半径 R、切削深度 a_c、切削宽度 a_e、每齿进给量 f、加工倾角 α，求得球头刀-屑接触区域，如图 5.4 所示。

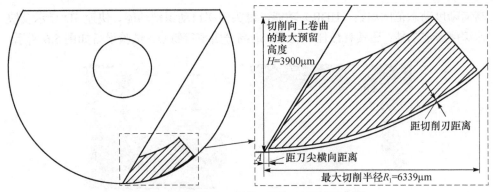

图 5.4 微织构在刀具前刀面加工区域示意图

2. 微织构参数设计与激光制备

根据微织构在球头铣刀上的加工区域，来进行微织构的参数设计与激光制备。试验采用的刀具为 YG6 硬质合金球头铣刀，刀具的具体尺寸参数如图 5.5 所示。刀具型号为 BNM-200，直径为 20mm，前角为 0°，后角为 11°。

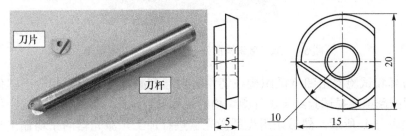

图 5.5 球头铣刀整体尺寸示意图（单位：mm）

采用激光加工技术来制备微织构。激光加工是利用光的能量经过透镜聚焦后在焦点上达到非常高的能量密度，依靠光的热效应来进行加工，属于无接触加工。并且激光加工不需要任何工具，加工速度快，材料的表面变形小，能在材料表面实现尺寸微小的精密加工。本试验制备微织构的设备选用光纤激光器，其工作原理是利用操作精度非常高的计算机控制平台首先绘制要加工的图案形状，然后设置激光加工参数，最后通过控制高能量密度的激光对被加工材料进行局部照射，使工件表层局部材料发生熔化甚至气化来达到想要加工的形状。

在加工微织构之前，首先要对球头铣刀进行抛光处理，采用抛光机分别用 1000 目和 1500 目的砂纸对刀具的前刀面进行抛光处理，目的是将刀具表面处理光滑；然后采用洁康 PS-10 型超声波清洗器进行清洗，清洗溶液采用丙酮溶液。加工完微织构之后使用型号为 VHX-1000 的超景深显微镜观察微织构的形貌以及测量它的深度。该仪器具有 5400 万像素 3CCD&actuator，实时 2D&3D 图像连接，高清晰度动态范围观察（HDR）功能，镜头倍率自动识别功能、快速 3D 显示及快速深度合成功能；还具有最佳对比度、最高分辨率等特点。试验设备如图 5.6 所示。

（a）超声波清洗器　　　　　（b）抛光机

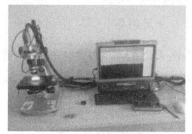

（c）超景深显微镜

图 5.6　加工微织构前处理设备及超景深显微镜

仿真和试验得出凹坑微织构在切削时所起到减摩抗磨效果相较于其他形式好，根据摩擦磨损试验结果进行微织构的尺寸参数设计，经过优化得出一组尺寸参数如表 5.1 所示。然后采用光纤激光器进行加工，激光器的平均输出功率为 50W，选择激光加工功率为 90%，扫描速度为 1500mm/s，扫描次数为 3 次进行加工。使用超景深显微镜来观察微织构形貌以及测量它的直径和深度是否符合要求，结果如图 5.7 所示。

表 5.1　微织构尺寸参数

微织构参数	直径/μm	深度/μm	间距/μm	与切削刃距离/μm
尺寸	50	35	120	120

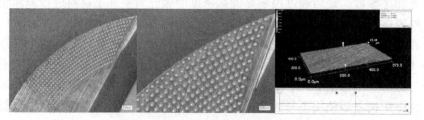

图 5.7　微织构表面形貌及深度测量

5.1.2 铣削钛合金试验

1. 试验目的

为了研究微织构球头铣刀铣削钛合金过程热-力耦合的情况,应该先从试验的角度来分别研究切削过程中的铣削力和铣削温度随时间的变化情况。首先搭建试验平台,该平台可以同时测量铣削过程的铣削力和铣削温度随时间变化的情况,为下一步研究受力密度函数和受热密度函数提供基础数据[3]。具体目的如下:

(1) 计算微织构球头铣刀铣削钛合金的切削周期,通过铣削试验测量一个铣削周期的铣削力和铣削温度随时间变化的数值,分别拟合出铣削温度和铣削力随时间变化的函数。

(2) 通过改变切削用量(切削速度、切削深度和进给量)进行正交铣削试验,测量每组切削参数下的铣削力数值。建立铣削力与切削用量的通用方程,根据所测得的铣削力,拟合出微织构球头铣刀铣削力的试验式,为研究微织构球头铣刀前刀面受力密度函数做基础。

(3) 通过正交切削试验来分别研究铣削过程刀-屑接触长度与进给量以及刀-屑接触宽度与切削深度之间的关系,从而建立刀-屑接触长度、刀-屑接触宽度的试验式,为后续研究微织构球头铣刀铣削钛合金过程前刀面受热、受力密度函数做基础。

2. 试验材料及设备

试验材料为钛合金 TC4,尺寸如图 5.8 所示,其中斜面倾角为 15°,试验采用的是球头铣刀,刀尖一直参与切削,并且线速度始终为零,这样会使刀尖磨损加快,减少刀具的使用寿命,且还会影响工件已加工表面的质量。研究发现,当加工倾角为 15°、加工方式为顺铣时,刀具可以达到最佳的切削性能[4]。

试验采用 VDL-1000E 三轴数控铣床进行,利用型号为 Kistler9257B 的测力仪采集铣削过程中的铣削力。铣削温度的采集选用型号为 E12-3-K-U 的热电偶,该型号热电偶属于 K 型热电偶,是一种经过特殊设计的侵蚀型热电偶,该设计将热电偶结置于探头端面上,它可以被加工到任何形状,在测量过程中会受到侵蚀或者磨损,但是在磨损的同时可持续更新自身的端头,可以测量壁表面或腔室内截然不同的任意温度,是目前唯一能够测量微秒级温度变化的热电偶。设计加工 E12-3-K-U 型号热电偶专用的夹具,使其既能固定在测力仪上,又能固定在工件上。铣削力与铣削温度采集原理如图 5.9 所示,将测力仪连接到力的数据采集箱上,进行采集铣削过程的三个方向铣削力;热电偶连接到温度的采集箱上,进行采集铣削过程中的铣削温度。

（a）钛合金工件实物图

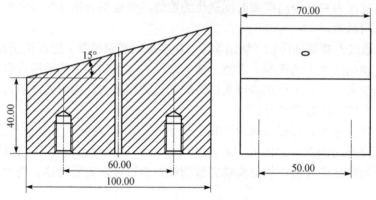

（b）工件尺寸示意图

图 5.8　钛合金工件及尺寸示意图（单位：mm）

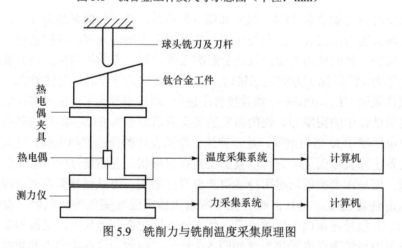

图 5.9　铣削力与铣削温度采集原理图

3. 试验方案设计

首先采用正交试验的方法来设计微织构球头铣刀铣削钛合金的试验。通过改变切削参数来研究铣削过程中力随时间的变化情况以及刀-屑接触长度、宽度随着进给量、切削深度的变化情况。正交试验以切削速度、切削深度及进给量三个因素各按四个水平进行设计，如表 5.2 所示，正交表选择 $L_{16}(4^5)$ 进行铣削试验。16 组试验，每一组切削参数在工件上铣一层。在工件上沿长度方向平均取六个点，每个点位置分别测一组切削力的数值，取平均值，算出每组切削参数下 X、Y、Z 三个方向的切削力数值，为切削力试验式的计算提供基础数据。

表 5.2　切削钛合金的切削参数

因素 水平	切削速度 v/(m/min)	切削深度 a_c/mm	进给量 f/(mm/r)
1	120	0.30	0.04
2	140	0.50	0.06
3	160	0.70	0.08
4	180	0.90	0.10

采用单因素试验方法来设计微织构球头铣刀铣削钛合金的试验。通过改变切削参数来设计单因素试验表，如表 5.3 所示。测量每一组切削参数下刀具的铣削温度随时间的变化情况。选择其中一组参数（切削速度 120m/min，切削深度 0.7mm，进给量 0.08mm/r）进行铣削试验。

表 5.3　切削钛合金单因素试验表

切削参数 编号	切削速度 v/(m/min)	切削深度 a_c/mm	进给量 f/(mm/r)
1	120	0.70	0.04
2	120	0.70	0.06
3	120	0.70	0.08
4	120	0.70	0.10
5	120	0.70	0.08
6	140	0.70	0.08
7	160	0.70	0.08
8	180	0.70	0.08

4. 铣削温度试验

E12-3-K-U 型号热电偶如图 5.10 所示。该热电偶是经过特殊设计的，属于快速响应的 K 型热电偶。温度数据采集系统为 IESC 多功能数据采集系统，该采集系统可采集 16 个通道的数据，实现传感器与主机之间的信号采集。同时，温度测量精度非常高,适用于各种型号的热电偶输入信号。该采集器内安装了一个内置温度传感器,可实现自动温度补偿。

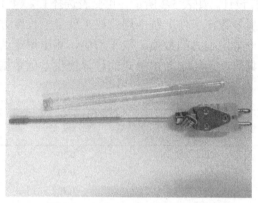

图 5.10　E12-3-K-U 型号热电偶

为了能够实现微织构球头铣刀铣削钛合金过程中的铣削力和铣削温度同时采集,需要将热电偶与测力仪与工件固定在一起。E12-3-K-U 型号热电偶的专用夹具,如图 5.11 所示。夹具中心加工出矩形槽装夹热电偶,将底座固定在测力仪上,顶座上面固定工件。夹具的使用实现了微织构球头铣刀铣削钛合金过程中的铣削温度和铣削力的同时测量。

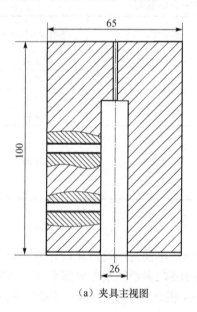
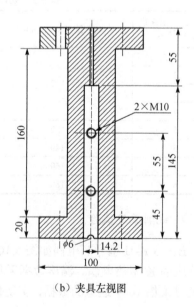

(a) 夹具主视图　　　　　　　　(b) 夹具左视图

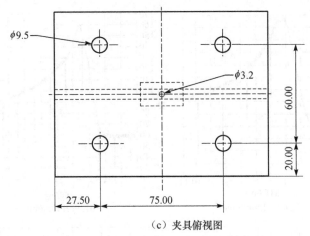

(c) 夹具俯视图

图 5.11 E12-3-K-U 热电偶专用夹具（单位：mm）

5.1.3 试验结果分析

1. 铣削温度试验结果分析

在 IESC 多功能数据采集系统操作界面设置采集的最高温度、最低温度、热电偶的型号和采集速度，并且在采集过程中对采集信号进行降噪滤波处理；热电偶冷端温度补偿设置为自动补偿为室温。采集出信号曲线为铣削温度随时间变化的曲线。由于该热电偶属于经过特殊设计的侵蚀型热电偶，当微织构球头铣刀经过热电偶时，将热电偶的端面铣掉，此时数据采集系统采集信号，将温度信号传输到计算机上，并且热电偶的端面探头会自动更新，等待下一次的切削测量。

由于铣削过程是一个不连续切削的过程，所以刀具前刀面上的温度场随时间变化，不是稳态温度场。当微织构球头铣刀切入工件时，由于第一变形区切屑的剪切滑移及第二、第三变形区刀具和切屑、刀具和工件的挤压与摩擦会使刀具上的温度迅速升高；当微织构球头铣刀切出工件时，前刀面的温度又迅速下降。这样循环反复使刀具承受不断变化的温度场。因此，通过改变切削速度和进给量来测量刀具上随时间变化的铣削温度值。通过试验所采集的刀具前刀面上的铣削温度变化曲线如图 5.12 和图 5.13 所示。

拟合微织构球头铣刀的铣削温度分别随切削速度和每齿进给量的变化曲线，其中每组切削参数所选取的温度值均为试验所采集的峰值，如图 5.14 所示。微织构球头铣刀切削钛合金过程刀具的温度随着切削速度与每齿进给量的增加呈现出上升的趋势，其中随着切削速度的增加，刀具切削温度明显上升。其原因是当切屑沿前刀面流出时，切屑底层与前刀面发生强烈的摩擦，因而产生大量的热。

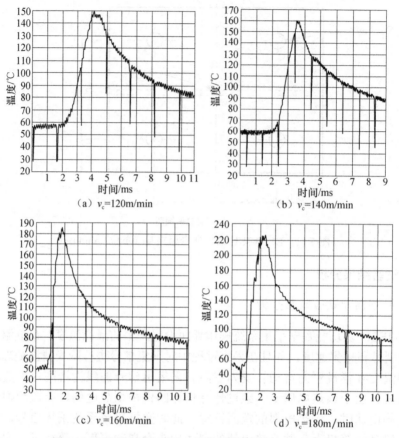

图 5.12 不同切削速度下刀具铣削温度随时间变化的曲线

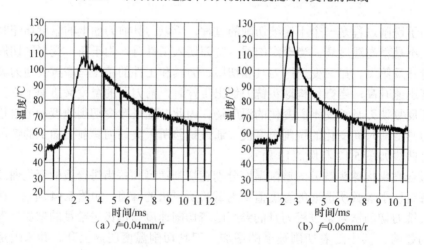

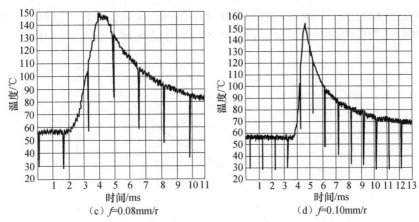

(c) f=0.08mm/r 　　　　(d) f=0.10mm/r

图 5.13　不同每齿进给量下刀具铣削温度随时间变化的曲线

然而，摩擦热主要位于切屑很薄的底层，是一边生成而又一边向切屑的顶面方向和刀具内部传导。因此，切削速度的增加，导致摩擦热升高，从而导致刀具内部温度升高。随着每齿进给量增大，刀具切削温度也升高，但幅度不显著。

为研究微织构球头铣刀切削钛合金过程刀具的热-力耦合行为，选择其中一组试验为例，切削参数为：n=2729r/min，a_c=0.7mm，f=0.08mm/r。采集一个铣削周期的微织构球头铣刀铣削温度随时间变化情况，如表 5.4 所示。

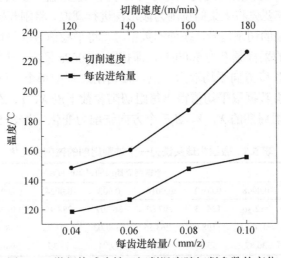

图 5.14　微织构球头铣刀切削温度随切削参数的变化

表 5.4　微织构球头铣刀一个铣削周期的铣削温度变化

时间/s	0.0004	0.0008	0.0012	0.0016	0.002	0.0024	0.0028	0.0032	0.0036
温度/℃	48.693	68.425	91.244	103.481	111.185	118.475	133.674	141.586	146.301

通过 MATLAB 软件编写程序对采集的铣削温度数值进行数据拟合，拟合出温度随时间变化的函数，并且对该函数进行可视化处理，如图 5.15 所示。

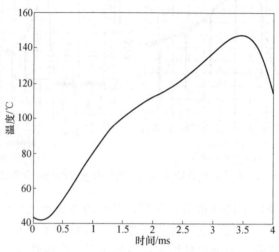

图 5.15　铣削温度随时间变化的曲线

2. 铣削力试验结果分析

分析测量所得的铣削力发现，刚切入工件时，波形会产生突变。因此，在处理铣削力数据时，需要先将采集的铣削力波形图进行截取，将刚开始切入的突变的信号忽略，采用平稳的切削信号，在处理数据时，将平稳信号取平均值，即为铣削力的数值。测力仪的采样频率为 5000Hz，即每隔 0.0002s 采集一个铣削力的数值。

在工件上沿长度方向平均取六个点，在切削过程中每个点位置采集一组切削力，将每层的六组数据取平均值得出每组切削参数下沿 X、Y、Z 三个方向的铣削力。采集一个铣削周期的 X、Y、Z 三个方向铣削力变化，如表 5.5 所示。

表 5.5　微织构球头铣刀一个铣削周期的铣削力变化

三个方向铣削力	一个铣削周期内的采集时间/s								
	0.0004	0.0008	0.0012	0.0016	0.002	0.0024	0.0028	0.0032	0.0036
X 方向/N	65.15	112.46	184.33	297.85	367.07	288.94	140.26	53.34	0
Y 方向/N	-67.67	-120.73	-198.9	-263.55	-327.03	-271.85	-198.97	-65.9	0
Z 方向/N	19.23	36.87	55.3	87.89	99.24	77.39	30.64	11.99	0

3. 刀-屑接触长度与宽度试验结果分析

在切削钛合金过程中，刀-屑接触区域对于第二变形区温度场的计算、刀具的磨损研究以及铣削过程铣削力在刀具上的分布都具有非常重要的影响。对于切削过程刀-屑接触区域的理论计算公式非常复杂,计算起来比较烦琐。因此,采用接触图形法来研究微织构球头铣刀铣削钛合金过程刀-屑接触面积。

铣削试验后,使用超景深显微镜观察刀-屑接触区域,并且对刀-屑接触长度和宽度进行测量,如图 5.16 所示。刀-屑接触区域可以近似看作矩形,并且沿刀具切削刃方向的刀-屑接触宽度 l_w 随着切削深度 a_c 的增加而变长。刀-屑接触长度与宽度试验数据如表 5.6 所示。

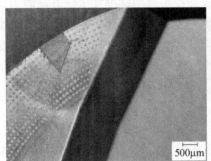

(a) 切削深度a_c为0.3mm　　(b) 切削深度a_c为0.7mm

图 5.16　刀-屑接触面积

表 5.6　刀-屑接触面积试验数据

切削用量 序号	切削深度 a_c/mm	进给量 f/(mm/z)	刀-屑接触宽度 l_w/mm	刀-屑接触长度 l_f/mm
1	0.3	0.04	0.869	0.5503
2	0.3	0.06	0.876	0.5812
3	0.3	0.08	0.885	0.6089
4	0.3	0.1	0.889	0.6230
5	0.5	0.06	1.116	0.5892
6	0.5	0.04	1.109	0.5606
7	0.5	0.1	1.128	0.6325
8	0.5	0.08	1.120	0.6112
9	0.7	0.08	1.419	0.6129
10	0.7	0.1	1.428	0.6304
11	0.7	0.04	1.427	0.5645
12	0.7	0.06	1.416	0.5869
13	0.9	0.1	1.757	0.6379
14	0.9	0.08	1.752	0.6145
15	0.9	0.06	1.735	0.5874
16	0.9	0.04	1.729	0.5693

5.2 微织构硬质合金球头铣刀应力场研究

钛合金高速铣削加工中,铣削力的分布及作用变化规律严重影响工件材料的物理性能,刀具前刀面的应力分布及工件、刀具和切屑之间的相互作用关系。铣削力分布不均匀使刀具、工件、切屑之间的摩擦及工件材料的变形均有较大程度的增加,局部温升过高。因此,对硬质合金球头铣刀铣削加工钛合金应力场进行研究有助于减少刀具的磨损,获得较好的加工表面完整性。而切削钛合金是一个高度动态非线性的过程,微织构的置入会对铣削时的应力场产生影响。因此,本节将对微织构作用下硬质合金球头铣刀铣削钛合金应力场进行分析,并分析其影响规律,为高速切削过程的热-力耦合行为研究提供基础。

5.2.1 铣削力模型

在高速切削加工中,断续切削加工应用最为广泛。球头铣刀铣削钛合金的切削方式属于典型的断续切削,即存在切削加工周期。从球头铣刀一个切削刃切入工件到切出工件所经历的时间为一个切削周期。切削周期不仅决定了切出点的最终状态,还决定了硬质合金球头铣刀切出时的瞬时铣削力的大小及方向,进而影响刀具前刀面应力场的分布状态。因此,球头铣刀的铣削周期、切入角度 ψ_{in} 及切入时间 t_i 和切出时间 t_o 分别为[5]

$$T = \frac{60}{nz} \quad (5.16)$$

$$\psi_{in} = 180° - \arccos\left(\frac{R-a_c}{R}\right) \quad (5.17)$$

$$t_i = T\frac{\psi_{in}}{360°} \quad (5.18)$$

$$t_o = T - t_i \quad (5.19)$$

式中,n 为主轴转速,r/min;z 为刀刃齿数。

切削参数的选择对刀具前刀面应力的分布状态有很大影响。切削三要素中,切削速度通过改变切屑与前刀面的摩擦状态而间接影响了切削力,因此可以忽略不计。但切削深度与进给量对切削力的影响最为直接、最为显著,且三者之间是复杂的指数关系[6]。由于切削三要素不易模型化,所以要借助铣削力的经验公式来建立切削深度与进给量之间的关系。

如图5.17所示,在某一切削层内,切削深度 a_c 与切削宽度 a_e 的表达式为

$$a_c = f\sin\psi \quad (5.20)$$

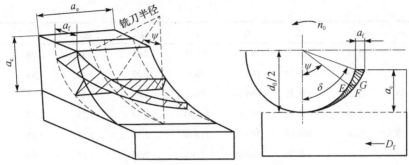

图 5.17 铣削加工中切削三要素

$$a_e = 2(2Ra_c - a_c^2) \approx 4Ra_c \tag{5.21}$$

式中，ψ 为齿位角，(°)，即铣刀切削刃从切入到切削任意位置所转过的中心角度；f 为刀具每齿进给量，mm/r。

当 $\psi = \delta/2$ 时，此时的切削深度为平均切削深度[7]：

$$a_{cv} = f\sin\frac{\delta}{2} = f\sqrt{\frac{1-\cos\delta}{2}} = f\sqrt{\frac{a_c}{2R}} \tag{5.22}$$

式中，δ 为接触角，(°)，指铣刀从切入到切出之间铣削接触弧的中心角度。

铣削力经验公式可由不同切削深度和进给量下的铣削力试验数据经线性拟合幂函数而得到。应用二元线性回归的方法，以切削深度和每齿进给量变量，求解其指数。铣削力经验公式模型为[8]

$$F_j = C a_c^{x_1} f^{x_2} \tag{5.23}$$

铣削力试验数据及计算结果如表 5.7 所示。通过 MATLAB 拟合得到三个方向的经验公式为

$$\begin{aligned}
F_x &= 978.14 a_c^{0.2841} f^{0.3768} \\
F_y &= 951.92 a_c^{0.8908} f^{0.3102} \\
F_z &= 350.27 a_c^{0.5995} f^{0.3275}
\end{aligned} \tag{5.24}$$

表 5.7 铣削力试验数据及计算结果

序号	a_c	f	f_x	f_y	f_z	$\lg f_x$	$\lg f_y$	$\lg f_z$	$\lg f$
1	0.3	0.04	193.71	127.69	54.69	2.29	2.11	1.74	-1.34
2	0.3	0.06	250.12	128.32	83.34	2.40	2.11	1.92	-1.22
3	0.3	0.08	261.18	142.76	78.25	2.42	2.15	1.89	-1.10
4	0.3	0.1	276.37	182.01	68.81	2.44	2.26	1.84	-1

续表

序号	a_c	f	f_x	f_y	f_z	$\lg f_x$	$\lg f_y$	$\lg f_z$	$\lg f$
5	0.5	0.06	259.73	234.74	99.67	2.41	2.37	2.00	−1.22
6	0.5	0.04	245.77	182.94	75.5	2.39	2.26	1.88	−1.40
7	0.5	0.1	433.39	266.56	98.49	2.64	2.43	1.99	−1
8	0.5	0.08	270.93	177.96	112.81	2.43	2.25	2.05	−1.10
9	0.7	0.08	364.83	344.16	113.08	2.56	2.54	2.05	−1.10
10	0.7	0.1	348.76	283.65	90.94	2.54	2.45	1.96	−1
11	0.7	0.04	261.37	245.59	77.48	2.42	2.39	1.89	−1.40
12	0.7	0.06	409.75	318.5	192.1	2.61	2.50	2.28	−1.22
13	0.9	0.1	370.45	489.68	205.3	2.57	2.69	2.31	−1
14	0.9	0.08	340.52	364.99	121.56	2.53	2.56	2.08	−1.10
15	0.9	0.06	294.39	384.1	148.72	2.47	2.58	2.17	−1.22
16	0.9	0.04	281.76	313.84	101.56	2.45	2.50	2.01	−1.40

5.2.2 刀-屑接触面积试验式

在刀-屑紧密接触区范围内，如果法向力不变，摩擦系数随着名义接触面积的增大而增大，随其减小而减小[9]。微织构的置入可以减小刀-屑接触面积，从而起到抗磨减摩的作用，进而影响铣削力的大小。因此，刀-屑接触面积由刀屑的接触长度和接触宽度大小决定。由于刀-屑接触面积理论计算过于复杂烦琐，所以依据刀-屑接触面积试验数据，进行数据线性拟合及数据分析，试验数据如表 5.8 所示，刀-屑接触宽度、刀-屑接触长度与切削深度、进给量之间的关系如图 5.18 所示，刀-屑接触宽度随着切削深度的增加而增加；刀-屑接触长度随着进给量的增加而增加。利用 MATLAB 线性拟合得出刀-屑接触长度 l_f 与进给量 f，以及刀-屑接触宽度 l_w 与切削深度 a_c 之间的关系式为

$$\begin{cases} f = 0.8206 l_f - 0.4203 \\ a_c = 0.6875 l_w - 0.2875 \end{cases} \quad (5.25)$$

表 5.8 刀-屑接触面积试验数据

序号	a_c/mm	f/(mm/r)	l_w/mm	l_f/mm
1	0.3	0.04	0.869	0.5503
2	0.3	0.06	0.876	0.5812
3	0.3	0.08	0.885	0.6089
4	0.3	0.1	0.889	0.6230
5	0.5	0.06	1.116	0.5892
6	0.5	0.04	1.109	0.5606
7	0.5	0.1	1.128	0.6325

续表

序号	a_c/mm	f/(mm/r)	l_w/mm	l_f/mm
8	0.5	0.08	1.120	0.6112
9	0.7	0.08	1.419	0.6129
10	0.7	0.1	1.428	0.6304
11	0.7	0.04	1.427	0.5645
12	0.7	0.06	1.416	0.5869
13	0.9	0.1	1.757	0.6379
14	0.9	0.08	1.752	0.6145
15	0.9	0.06	1.735	0.5874
16	0.9	0.04	1.729	0.5693

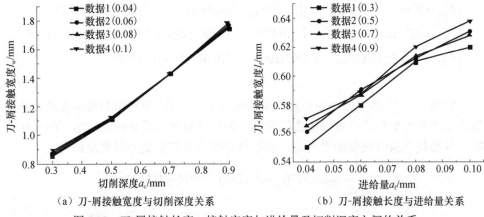

（a）刀-屑接触宽度与切削深度关系　　　　（b）刀-屑接触长度与进给量关系

图 5.18　刀-屑接触长度、接触宽度与进给量及切削深度之间的关系

微织构球头铣刀铣削钛合金铣削力的受力情况为

$$\begin{cases} F_x = 978.14(0.6875l_w - 0.2875)^{0.2841}(0.8206l_f - 0.4203)^{0.3768} \\ F_y = 951.92(0.6875l_w - 0.2875)^{0.8908}(0.8206l_f - 0.4203)^{0.3102} \\ F_z = 350.27(0.6875l_w - 0.2875)^{0.5995}(0.8206l_f - 0.4203)^{0.3275} \end{cases} \quad (5.26)$$

5.2.3　受力密度函数数学模型

微织构球头铣刀铣削时所受到的力随时间变化，铣削力变化的平稳程度影响刀具所受应力的大小，从而影响刀具的使用寿命[10]。因此，求解微织构球头铣刀前刀面受力密度函数的意义在于找出刀具上受力突变的某一点，对刀具的结构进行改进，改善刀具受力情况，使铣削力分布均匀[11]。根据断续切削的特点，铣削力随时间周期性变化，因载荷边界条件不是定值，而是铣削力随时间变化的函数，因此载荷边界条件的施加等同于力随时间变化函数的求解过程，求解时考虑的铣削力均在同一切削周期内。

瞬时铣削力的经验公式模型为：$F_{瞬}=C_1 a_c^{y+1} a_e^x$，$C_1$ 为校正系数。以刀具进给方向的力为例，瞬时铣削力经验公式的指数为：$y=-0.6232$，$x=0.2841$。校正系数 C_1 为

$$F_{终点}=F_x\cos\psi+F_y\sin\psi$$
$$=C_1[(0.8206l_f-0.4203)\sin\psi]^{0.3768}(0.6875l_w-0.2875)^{0.2841} \quad (5.27)$$

$$C_1=(F_x\cos\psi+F_y\sin\psi)/[(0.8206l_f-0.4203)\sin\psi]^{0.3768}(0.6875l_w-0.2875)^{0.2841} \quad (5.28)$$

三个方向的瞬时铣削力模型为

$$\begin{cases} F_{瞬x}=F_x\cos\psi+F_y\sin\psi=C_1[(0.8206l_f-0.4203)\sin\psi]^{0.3768}(0.6875l_w-0.2875)^{0.2841} \\ F_{瞬y}=-F_x\sin\psi+F_y\cos\psi=C_1[(0.8206l_f-0.4203)\sin\psi]^{0.8908}(0.6875l_w-0.2875)^{0.3102} \\ F_{瞬z}=F_z=C_1[(0.8206l_f-0.4203)\sin\psi]^{0.5995}(0.6875l_w-0.2875)^{0.3275} \end{cases} \quad (5.29)$$

铣削力与刀-屑接触面积不是简单的线性正比关系，需对微织构球头铣刀铣削钛合金的受力情况进行偏导函数的求解，偏导函数可以反映瞬时切削力的变化情况，从而找出瞬时突变的受力点。求导得到前刀面初始受力密度函数为

$$\begin{cases} f_x=\dfrac{\partial F_x}{\partial l_w \partial l_f}=87.377(l_w-0.4182)^{-0.7159}(l_f-0.5122)^{-0.6232} \\ f_y=\dfrac{\partial F_x}{\partial l_w \partial l_f}=177.186(l_w-0.4182)^{-0.1092}(l_f-0.5122)^{-0.6898} \\ f_z=\dfrac{\partial F_x}{\partial l_w \partial l_f}=51.491(l_w-0.4182)^{-0.4005}(l_f-0.5122)^{-0.6725} \end{cases} \quad (5.30)$$

式中，$l_w \in (0.8545,1.8727)$；$l_f \in (0.5609,0.6340)$。

上述各方向的受力密度函数均在机床坐标系下求解，而微织构球头铣刀旋转一周期后，瞬时切出时前刀面所受的力为刀具坐标系下所受的力，如图 5.19 所示。

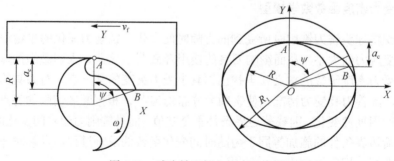

图 5.19 球头铣刀切入切出示意图

因此，微织构球头铣刀前刀面的受力密度函数应经坐标变换得到，其转换关系矩阵为

$$T = \begin{bmatrix} \cos\psi & \sin\psi & 0 \\ -\sin\psi & \cos\psi & 0 \\ 0 & 0 & 1 \end{bmatrix} \quad (5.31)$$

微织构球头铣刀前刀面的受力密度函数为

$$\begin{bmatrix} f_{x_1} \\ f_{y_1} \\ f_{z_1} \end{bmatrix} = T \cdot \begin{bmatrix} f_x \\ f_y \\ f_z \end{bmatrix} = \begin{bmatrix} f_x\cos\psi + f_y\sin\psi \\ -f_x\sin\psi + f_y\cos\psi \\ f_z \end{bmatrix} \quad (5.32)$$

$$\begin{cases} f_x = -75.671(l_w - 0.4182)^{-0.7159}(l_f - 0.5122)^{-0.6232} + 88.593(l_w - 0.4182)^{-0.1092}(l_f - 0.5122)^{-0.6898} \\ f_y = -43.689(l_w - 0.4182)^{-0.7159}(l_f - 0.5122)^{-0.6232} - 153.448(l_w - 0.4182)^{-0.1092}(l_f - 0.5122)^{-0.6898} \\ f_z = 51.491(l_w - 0.4182)^{-0.4005}(l_f - 0.5122)^{-0.6725} \end{cases}$$

$$(5.33)$$

式中，$\psi=150°$。

微织构球头铣刀铣削钛合金时所受的力随着刀-屑接触面积的变化而变化，但是不会发生材料属性的改变，因此，刀具受力密度函数可广泛用于同种材料刀具在不同工况下的受力情况分析，为改善刀具性能提供基础。微织构球头铣刀前刀面的受力分布情况如图 5.20 所示。刀具前刀面沿刀-屑接触长度和刀-屑接触宽度两个方向所受的力是不均匀的。在刀具和工件紧密接触区域内受力比较集中，特别是刀尖周围，越靠近刀尖，受力密度函数的值越大，说明刀尖附近所受的力越不平稳，该区域发生力突变的受力点较多；刀具前刀面沿接触宽度方向所受的力

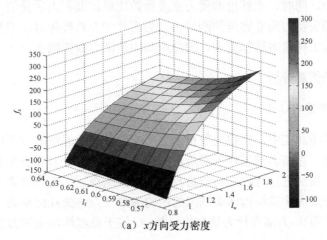

(a) x 方向受力密度

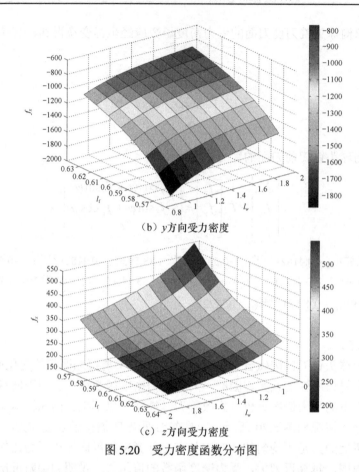

(b) y 方向受力密度

(c) z 方向受力密度

图 5.20 受力密度函数分布图

大于沿接触长度方向所受的力,说明刀具前刀面沿主切削刃方向所受的力大于沿径向所受的力。同时,求解出的受力密度函数比单位面积上所受的力要大,其原因是微织构球头铣刀为非完全的刚形体,当工件和刀具接触时,刀具会发生弹性形变,刀具与工件接触面积变大,因此所测的铣削力数值偏小。

5.2.4 应力场仿真分析

1. 刀具模型的建立

在高速铣削加工中,磨损失效是十分严重的问题。而铣削力变化规律决定了刀具磨损程度,进而影响工件表面质量的好坏,因此分析刀具的受力分布情况是十分必要的。通常进行有限元物理仿真来模拟微织构球头铣刀的受力分布情况,通过仿真分析来优化微织构球头铣刀的织构参数及刀体的几何参数,为优化刀具结构设计及后期热-力耦合行为研究提供基础。鉴于微织构球头铣刀铣削钛合金的过程中的铣削力随时间变化，因此仿真过程中的应力场为瞬时应力场。

利用 ANSYS Workbench 模拟微织构球头铣刀铣削钛合金的受力分布情况，在建模过程中，整体刀具的模拟仿真计算量较大，仿真时间过长。因此，要对模型进行简化[12]。微织构置入的位置为前刀面的刀-屑接触区内，因此只针对刀片的受力情况进行模拟仿真，刀片模型如图 5.21 所示。微织构置入刀具前刀面，形状为微坑织构，微坑直径为 50μm，微坑深度为 35μm，微坑与切削刃的距离为 120μm，相邻两个微坑之间的距离为 120μm，偏置角度为 1.007°。刀具材料本构参数如表 5.9 所示。

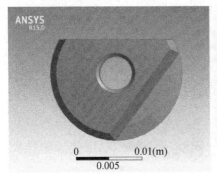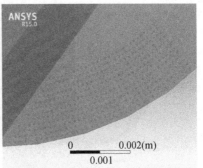

图 5.21 刀片模型

表 5.9 刀具材料本构参数

密度/ (kg/m³)	导热系数λ/ (W/(m·K))	热膨胀系数 α/(10⁻⁶K⁻¹)	弹性模量 E/GPa	泊松比	比热容 C/ (J/(kg·K))	熔点/℃	沸点/℃
14700	75.4	4.5	540	0.3	470	2780	6000

建模后，按模型输入—定义材料属性—划分网格—定义边界条件—分析求解—图像分析的步骤进行微织构球头铣刀受力分布模拟，网格划分的均匀程度决定了受力分布是否均匀。大部分网格可以划分为四面体，其大部分为二阶单元，此时的网格质量不佳，未优化的网格如图 5.22（a）所示，采用此类网格进行仿真模拟会影响计算的准确性计算速度。

利用 ANSYS Workbench 网格优化模块-ICEM CFD 进行网格优化处理[13]。网格划分模型分为三类：六面体网格、四面体网格和棱柱形网格。其中，六面体网格划分可生成多重拓扑块的结构和非结构化网格。而四面体网格适合对结构复杂的结合模型进行快速高效的网格划分，实现了网格生成的自动化。棱柱形网格主要用于四面总体网格中对边界层的网格进行局部细化或是在不同形状网格之间交接处的过渡，其网格划分相较于四面体网格形状更为规则，且能够在边界层处提供较好的计算区域。

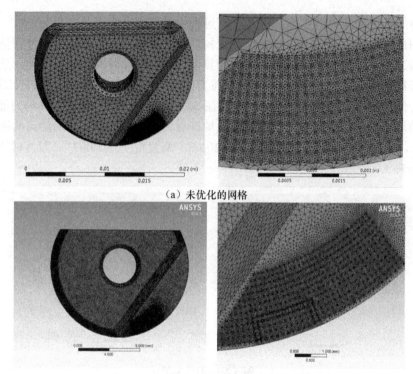

(a) 未优化的网格

(b) 优化后的网格

图 5.22 网格划分

考虑微织构对钛合金加工中球头铣刀受力分布的影响，且微织构数量级较小，在刀-屑接触区域内应力集中现象比较明显，网格需要精细划分，因此计算时间较长，应采用优化后四面体网格来进行等效应力和等效位移的求解。而刀-屑接触区域之外的网格划分可以较大，但小单元到大单元应平滑过渡。划分后，进行网格精度的检查，修改畸变网格。优化后的网格如图 5.22（b）所示。优化后的网格节点较少，计算更为准确，计算速度较快，模拟微织构球头铣刀的受力分布更接近实际加工中的受力情况。

2. 边界条件及施加载荷

当网格划分均匀后，需要对载荷施加区域设置位移和载荷边界条件，微织构球头铣刀刀片在刀体上固定，因此施加的约束条件应该限制铣刀刀片沿径向和轴向方向的移动，即约束微织构球头铣刀刀片的全部自由度。而对于载荷边界条件，由于铣削力作用下的应力场十分复杂，载荷条件的施加决定了应力场仿真的准确程度，因此所施加的边界条件应达到简化铣刀刀片的受力情况的目的。由于铣削力具有离切削刃越远越小的特点，将铣削力等同于线性面载荷，所以载荷只施加于刀工紧密接触区域范围内[14]。微织构球头铣刀边界载荷的施加如图 5.23 所示。

第 5 章　微织构刀具切削过程热-力耦合行为

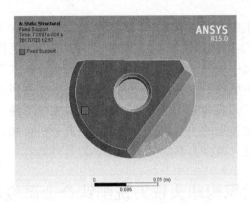

图 5.23　微织构球头铣刀边界载荷

3. 仿真结果分析

有限元仿真的求解过程即对微织构球头铣刀所受的等效应力和等效位移进行求解。边界条件设定后，经仿真模拟计算，得出 0.002s 时微织构球头铣刀所受等效应力和等效位移云图如图 5.24 所示。在切削刃及其应力集中现象最严重，且

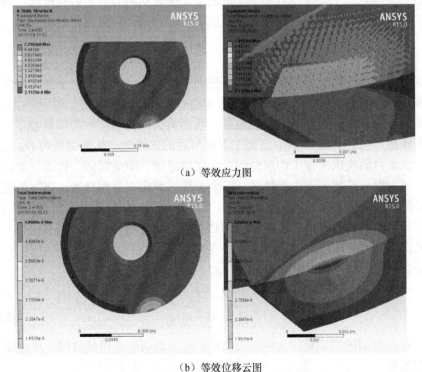

（a）等效应力图

（b）等效位移云图

图 5.24　等效应力和等效位移云图

从刀尖到刀体应力集中现象逐渐减小。其原因是钛合金精加工时，工件的塑性变形使刀具与工件在刀-屑接触区域内发生挤压，刀-屑接触区内的金相组织发生变化，从而导致应力集中现象的发生，与受力密度函数反映的现象一致，且与实际加工过程中刀具发生磨损的主要位置一致。同时，前刀面所受的应力也较大。而最大等效位移发生在刀尖和主切削刃处，为刀具发生变形最薄弱的区域，与实际加工过程中刀具发生变形的主要位置一致。由仿真分析可知，合理的刀具结构能改善刀具的切削性能，减少刀具的磨损，延长刀具寿命。

5.3 微织构球头铣刀铣削钛合金温度场研究

在钛合金高速铣削加工中，由于钛合金化学活性高，所以刀具的主要破损形式为黏结破损。切削过程中的切削温度决定了刀具表面黏结破损的程度，进而影响了刀具的使用寿命及工件表面质量。将微织构置入球头铣刀的前刀面，微织构的抗磨减摩作用对球头铣刀温度场会产生影响。因此，研究刀具前刀面受热密度函数来分析微织构刀具前刀面的受热情况是十分必要的。微织构球头铣刀受热密度函数的求解有助于揭示钛合金高速铣削加工中微织构刀具的破损机理，为优化刀具的几何参数及提高刀具的使用寿命提供了理论基础与依据。

5.3.1 热源分析

切削热是由切削时所消耗的能量转变而来的，是由于切削层金属发生弹性和塑性变形以及刀具前刀面、后刀面、工件和切屑之间的发生摩擦作用而产生的[15]。如图 5.25 所示，金属切削时产生的热量一般由剪切区变形产生的热量 Q_s、切屑与前刀面摩擦产生的切削热 Q_{rf}、已加工表面与后刀面摩擦产生的切削热 Q_{af} 三部分组成。切削热的构成决定了切削时的三个发热区域，即剪切面、切屑与前刀面接触区、后刀面与已加工表面接触区。三个发热区对应三个变形区。切削热通过切屑、工件、前刀面及后刀面进行传导。在剪切区域内，切削热一部分传入了工件，另一部分则随着切屑流出；在刀-屑接触区域内，部分热量传入了刀具，另一部分随切屑流出；同样，在刀-工接触区域内也存在热量分配的问题。

剪切区传入切屑和工件的热量分别为

$$Q_{jc} = R_1 q_s \tag{5.34}$$

$$Q_{jw} = (1-R_1)q_s \tag{5.35}$$

式中，R_1 为剪切区的热量传入切屑的比例；q_s 为剪切面上单位时间、单位面积上产生的热量。

刀-屑接触摩擦区传入切屑和刀具的热量以及刀-工接触摩擦区传入工件和刀

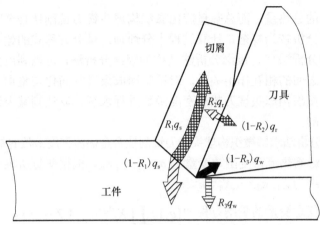

图 5.25 切削时热的产生与传导

具的热量分别为

$$Q_{qc} = R_2 q_r \tag{5.36}$$

$$Q_{qw} = (1-R_2) q_r \tag{5.37}$$

$$Q_{hc} = R_3 q_w \tag{5.38}$$

$$Q_{hw} = (1-R_3) q_w \tag{5.39}$$

式中，q_r 为前刀面摩擦热源单位时间、单位面积上产生的热量；q_w 为后刀面摩擦热源单位时间、单位面积上产生的热量；R_2 为刀具前刀面的热量传入切屑的比例；R_3 为刀具后刀面的热量传入工件的比例。

以传入切屑的热量 Q_{ch}、传入刀具的热量 Q_c、传入工件的热量 Q_w 及周围介质吸收的热量 Q_r 计算产生总的切削热 Q，根据切削热的来源及产生的原理，切削热传导关系为

$$Q_s + Q_{rf} + Q_{af} = Q_{ch} + Q_c + Q_w + Q_r \tag{5.40}$$

当切削塑性金属时，切削热主要由剪切区变形热和前刀面摩擦热形成；当切削脆性金属时，后刀面摩擦热占比例较大。钛合金属于塑性加工材料，因此切削热主要传入剪切区与刀屑接触区内。虽然切削热是切削温度的来源，但在切削过程中切削温度起主要作用，该温度是由切削时消耗总功产生的热量引起的。由切削区域内变形、摩擦及热传导所产生的热量，可以近似计算出钛合金加工过程中的切削温度。

5.3.2 热流密度函数

1. 量纲分析法

传统的热流密度函数的求解方法需求解刀具前刀面的热量传入切屑的比例

及前刀面所受的总热量，而总热量应由微织构球头铣刀铣削钛合金时所受的三向力进行求解。分析较为复杂，计算过程十分烦琐，微分方程式的建立十分困难，因此引入量纲分析法[16]。量纲分析法又称为因次分析法，可以利用量纲齐次原则寻找各物理量之间的相互作用关系，对试验和成果进行简化与整理。因此，采用量纲分析法对微织构球头铣刀热流密度函数进行求解，以达到减少计算量、精确计算结果的目的。

采用量纲分析法求解微织构球头铣刀铣削钛合金热流密度函数的基本步骤如下：

（1）设定影响热流密度函数变量为 $q_1, q_2, \cdots, q_m$，根据变量所表达的物理含义设定相应的量纲为 $X_1, X_2, \cdots, X_n$（$n \leq m$）。

（2）设定任意变量的量纲方程为 $[q_j] = \prod_{i=1}^{n} X_i^{a_{ij}}$（$j = 1, 2, \cdots, n$）。

（3）设定变量满足关系 $\pi = \prod_{j=1}^{m} q_j^{y_j}$，其中 y_i 为待求解的未知量，π 为无量纲，因此，$[\pi] = \prod_{j=1}^{m} X_j^{a_j} = 1$。由上述可得线性方程组 $a_i = \sum_{j=1}^{m} a_{ij} y_j = 0$（$i = 1, 2, \cdots, n$）。

（4）求解线性方程组 $a_i = \sum_{j=1}^{m} a_{ij} y_j = 0$（$i = 1, 2, \cdots, n$），设矩阵 $A = (a_{ij})_{n,m}$ 为量纲矩阵，设矩阵 A 的秩 rankA=r，则方程组有 $m-r$ 个基本解为 $y_k = (y_{k1}, y_{k2}, \cdots, y_{km})^T$（$k = 1, 2, \cdots, n$）。

（5）设 $\pi_k = \prod_{j=1}^{m} q_j^{y_{kj}}$，则 π_k（$k = 1, 2, \cdots, m-r$）为无量纲。

（6）根据 $f(\pi_1, \pi_2, \cdots, \pi_{m-r}) = 0$ 求解热流密度函数的变量。

运用量纲分析法时，相同量纲之间可以进行运算，且量纲分析法在试验的基础上，确定影响微织构球头铣刀热流密度函数的因素，根据 π 定理得出相似准数。

2. 刀-屑接触区域平均温度

大量理论分析和试验发现，切削速度 v_c、切削深度 a_c、切削比能 u、工件材料的体积比热容 ρc 及导热系数 λ 为影响刀-屑接触区平均温度 θ 的主要因素[17]。为简化计算，将工件材料的体积比热容 ρc 及导热系数 λ 两个常量作为一个整体常量进行求解，则影响热流密度函数的变量之间的关系函数为

$$f(\theta, u, \rho c \lambda, v_c, a_c) = 0 \tag{5.41}$$

刀-屑接触区平均温度 θ 与各影响因素之间的关系为

$$\theta = p u^x (\lambda \rho c)^y v_c^z a_c^w \tag{5.42}$$

式中，p 为系数。

将各变量量纲化,则各因素的量纲表达如表 5.10 所示。

表 5.10 量纲分析影响刀-屑接触区平均温度 θ 的因素

变量	量纲
刀-屑接触区平均温度 θ	$\overline{\theta}$
切削速度 v_c	Lt^{-1}
切削深度 a_c	L
工件材料的体积比热容 ρc 及导热系数 λ	$M^2 t^{-5} \overline{\theta}^{-2}$
切削比能 u	$ML^{-1}t^{-2}$

刀-屑接触区平均温度的量纲表达式为

$$[\overline{\theta}] = \left[ML^{-1}t^{-2}\right]^x \left[M^2 t^{-5} \overline{\theta}^{-2}\right]^y \left[Lt^{-1}\right]^z \left[L\right]^w \quad (5.43)$$

由左右两边量纲分别对应相等,可知

$$\begin{cases} x + 2y = 0 \\ -x + z + w = 0 \\ -2x - 5y - z = 0 \\ -2y = 1 \end{cases} \quad (5.44)$$

求解得,$x=1$,$y=-1/2$,$z=1/2$,$w=1/2$,刀-屑接触区平均温度 θ 与各影响因素之间的关系可表达为

$$\overline{\theta} = pu \left(\frac{v_c a_c}{\lambda \rho c}\right)^{\frac{1}{2}} \quad (5.45)$$

切削比能为切出金属单位体积所做的功。在切削过程中,主要考虑沿进给方向的主切削力,设微织构球头铣刀切削钛合金的总切削面积为 A_1,单位时间内所做的功为 W_z,则切削比能 u 为[18]

$$u = \frac{W_z}{v_c A_1} = \frac{F_x}{A_1} \quad (5.46)$$

微织构球头铣刀沿进给方向切削力的经验公式为

$$F_x = 987.14 a_c^{0.2841} f^{0.3768} K \quad (5.47)$$

$$K = \left(\frac{\sigma_b}{638}\right)^{0.3} \quad (5.48)$$

式中,K 为工件材料的修正系数;σ_b 为工件材料的抗拉强度,MPa。

在钛合金切削过程中,由于工件形状的原因,切削宽度 a_e 和切削深度 a_c 都随着切削时间而变化,切削宽度 a_e 和切削深度 a_c 与切削面积 A_1 之间的关系为

$$A_1 = \sum_1^z a_c a_e \quad (5.49)$$

式中，z 为齿数。切削面积 A_1 也随时间的变化而变化。为简化计算量，可考虑微织构球头铣刀铣削钛合金时的平均切削面积 A_{av} 及平均切削深度 a_{cav}，其表达式分别为

$$A_{av} = \frac{f a_c a_e z}{\pi D} \tag{5.50}$$

$$a_{cav} = f \sqrt{\frac{a_c}{D}} \tag{5.51}$$

式中，D 为微织构球头铣刀直径，mm。切削比能 u 可表示为

$$u = \frac{987.14 a_c^{0.2841} f^{0.3768} K \pi D}{f a_c a_e z} \tag{5.52}$$

微织构球头铣刀铣削钛合金为单齿切削，因此切削比能可简化为

$$u = 493.57 \pi a_c^{-1.7159} f^{-0.6232} K \tag{5.53}$$

则刀-屑接触区平均温度 θ 可表示为

$$\theta = 493.57 \pi a_c^{-1.4695} f^{-0.1232} K p \left(\frac{v_c}{\lambda \rho c}\right)^{\frac{1}{2}} D^{-0.25} \tag{5.54}$$

由于量纲中各变量的单位与实际加工中各变量的单位有所不同，需统一单位。量纲计算中刀屑接触区域内各变量单位如表 5.11 所示。

表 5.11 量纲分析影响刀-屑接触区平均温度 θ 的因素单位

变量	量纲单位
切削速度 v_c	m/s
每齿进给量 f	m/z
切削深度 a_c	m
切削宽度 a_e	m
刀具直径 D	m
工件材料的导热系数 λ	W/(m·K)
工件材料密度 ρ	kg/m³
工件材料的比热容 c	J/(kg·K)

在实际加工中，刀-屑接触区平均温度 θ 应转换为

$$\theta = 493.57 \pi (1000 a_c)^{-1.4695} (1000 f)^{-0.1232} K p \left(\frac{v_c}{\lambda \rho c}\right)^{\frac{1}{2}} D^{-0.25} \tag{5.55}$$

根据量纲法的单位，得到切削参数和工件材料参数如表 5.12 所示。由表 5.12 可求刀-屑接触区平均温度 θ 为

$$\theta = 2.288 p \tag{5.56}$$

表 5.12 量纲分析切削参数和工件材料参数

变量	数值	量纲单位
切削速度 v_c	2	m/s
每齿进给量 f	0.000008	m/z
切削深度 a_c	0.00007	m
切削宽度 a_e	0.00005	m
刀具直径 D	0.02	m
抗拉强度	0.895	GPa
工件材料的导热系数 λ	15.24	W/(m·K)
工件材料密度 ρ	4.5×10^3	kg/m³
工件材料的比热容 c	611	J/(kg·K)

根据微织构球头铣刀铣削钛合金前刀面切削温度试验数据，利用 MATLAB 拟合刀-屑接触区平均温度随时间的变化关系式 θ 为

$$\theta = \theta_1 - \theta_0 = -3.4328 \times 10^{15} t^5 + 3.2558 \times 10^{13} t^4 - 1.0966 \times 10^{11} t^3 \\ + 1.5000 \times 10^8 t^2 - 3.2772 \times 10^4 t + 23.7501 \tag{5.57}$$

式中，θ_0 为初始室温。待定系数 p 为

$$p = -1.5003 \times 10^{15} t^5 + 1.4230 \times 10^{13} t^4 - 4.7928 \times 10^{10} t^3 \\ + 6.5559 \times 10^7 t^2 - 1.4323 \times 10^4 t + 10.3802 \tag{5.58}$$

刀-屑接触区平均温度 θ 的通用公式为

$$\theta = P \pi a_c^{-1.4695} f^{-0.1232} K \left(\frac{v_c}{\lambda \rho c} \right)^{\frac{1}{2}} D^{-0.25} \tag{5.59}$$

式中，$P = -1.2340 \times 10^{13} t^5 + 1.1707 \times 10^{11} t^4 - 3.9430 \times 10^8 t^3 + 5.3935 \times 10^5 t^2 - 1.1783 \times 10^2 t + 0.0854$。

在切屑与前刀面的摩擦作用下，切屑在前刀面接触区域内与自身相比，切削速度降低，切削发生了二次滑移。刀-屑接触区域内的切屑在刃口附近显著降低，远离刃口时速度逐渐增加，直至完全恢复后流出。接触层的厚度会随切屑在刀-屑接触层内的速度的增加而减少，接触层厚度逐渐减少直至到达一定值，在切屑的底部形成了滞留层。二次滑移使切屑通过剪切面时发生了变形，消耗了一部分能量，在刀-屑接触区内切屑与前刀面发生摩擦，也消耗了一部分能量。两者的能量总和即为切屑流出所做的总功[19]。因此，切削热的来源为切屑和切屑流出时所生成的滞留层。滞留层的面积与刀-屑接触面积相比要小很多。因此，可将热源视为一个有限的面热源。切削加工的工况与工件材料属性对滞留层平均厚度有很大影响，因此认为滞留层的平均厚度与刀-屑接触长度呈线性关系，其关系为

$$\bar{h} = \varepsilon l_f \tag{5.60}$$

根据刀-屑接触区平均温度 θ，可得刀-屑接触区的总热流量为

$$H = c\rho l_f l_w \bar{h} \theta \tag{5.61}$$

受热密度函数为单位面积的总热流量，则刀-屑接触区的热流密度为

$$\bar{q} = \frac{H}{l_f l_w} = \varepsilon c \rho l_f \theta \tag{5.62}$$

式中，ε 为滞留层平均厚度随切削加工的工况与工件材料属性变化的常数。

刀屑接触长度 l_f 的表达式为

$$l_f = 1.2.19 a_f + 0.512 \tag{5.63}$$

5.3.3 微织构球头铣削钛合金铣刀温度场模型

1. 热源法

忽略第三变形区所消耗的功，认为钛合金切削时所消耗的功都来源于第一、第二变形区，因此刀-屑接触区的温度场可以根据已知热源进行求解[20]。根据热源求解温度场的方法称为热源法。按导热微分方程进行边界条件的求解，即求解刀-屑接触区域的受热密度函数时，所求的并不是该区域内的温度，而是来源于热源的热量，并且求解热源处的温度需要求解一系列的未知量，因此数学解析法和数值法不适用于该问题的求解。而热源法先将第一变形区和第二变形区的热源都等效为平面热源，且将所求区域等效为半无限大的物体或半无限大物体派生出的 1/4 的无限大物体，然后再进行复杂场的求解[21]。该方法通用于各种非稳态热源的温度场，即温度随时间变化温度场求解，得到影响温度场与各影响因素之间的关系。

假定热源的尺寸有限，且处于物体的中央，向周围任意方向传递的热量几乎相同，为了简化边界条件，可假设物体为半无限大物体。应用面热源法进行微织构球头铣刀铣削钛合金刀-屑接触区内温度场边界条件的求解，从而进行温度场的仿真分析。

2. 无限大物体连续作用点热源温度场模型

在切削初始时刻除了原点，其他点的初始温度都为 0，设坐标原点上有一个连续作用的热源，其强度为 q_0。将工件视为无限大的物体，对无限大体内的任意一点的温度场进行求解。由于等温面的形状为球面，所以在半径为 R 的球面上，温度处处相等，且温度场的模型只与半径 R 和时间 t 有关，与变量 φ 和 ω 无关。因此，在 $\theta_1(R,0)=0(R\neq 0)$ 的初始条件下，有如下关系：

$$\begin{cases} \theta_1 = \theta_1(R,t) \\ \dfrac{\partial \theta_1}{\partial \omega} = 0 \\ \dfrac{\partial \theta_1}{\partial \varphi} = 0 \end{cases} \tag{5.64}$$

用高温点来代替坐标原点的点热源,即将热源 q_t 转化为原点的温度 θ_0,即可将该温度场当成无热源的温度场处理,则球坐标下的导热微分方程为

$$\frac{\partial \theta_1}{\partial t} = a\left(\frac{\partial^2 \theta_1}{\partial R^2} + \frac{2}{R}\frac{\partial \theta_1}{\partial R} + \frac{\cot \omega}{R^2}\frac{\partial \theta_1}{\partial \omega} + \frac{1}{R^2}\frac{\partial^2 \theta_1}{\partial \omega^2} + \frac{1}{R^2 \sin^2 \omega}\frac{\partial^2 \theta_1}{\partial \varphi^2}\right) \tag{5.65}$$

式中,a 为导温系数。令 $R\theta = \mu$,经简化得

$$\frac{\partial^2 \mu}{\partial R^2} = \frac{1}{\alpha}\frac{\partial \mu}{\partial t} \tag{5.66}$$

原点的温度 θ_0 的微分方程、初始条件与边界条件为

$$\begin{cases} \dfrac{\partial^2 \mu}{\partial R^2} = \dfrac{1}{\alpha}\dfrac{\partial \mu}{\partial t} \\ \mu(0,t) = \dfrac{q_t}{4\pi\lambda} = \mu_0 \\ \mu(R,0) = 0 \end{cases} \tag{5.67}$$

经拉氏变换得任意一点的温度场 θ_1 为

$$\theta_1 = \frac{q_t}{4\pi\lambda R} \frac{2}{\sqrt{\pi}} \int_{\frac{R}{2\sqrt{at}}}^{\infty} e^{-v^2} dv \tag{5.68}$$

当 $t \to \infty$ 时,任意一点的温度场 θ_1 可表达为

$$\theta_1 = \frac{q_t}{4\pi\lambda R} \tag{5.69}$$

连续作用点热源温度场只与刀具半径 R 有关,不随时间的变化而变化,此时的热源为稳态热源,因此,连续作用点热源温度场即为稳态温度场。

3. 无限大物体瞬时点热源温度场模型

假设在初始时刻除了原点其他各点温度处处为 0,则在切削初始时刻,瞬时作用在原点上的热源称为瞬时点热源 Q_0,这一热源瞬时产生,立即消失。瞬时点热源温度场的求解即对工件上任一点在任意时刻的温度场求解。从初始时刻开始,设从切削开始时,有一强度为 q_1 的点热源作用在工件原点上,在 t_1 时刻时,又有一强度为 $-q_1$ 的点热源作用在原点,因此,从 t_1 时刻开始,热源随即消失。此时的温度场 θ_2 的表达式为

$$\theta_2(R,t) = q_1[\theta_1(R,t) - \theta_1(R,t-\tau)] \tag{5.70}$$

当点源 $M(x, y, z)$ 在原点时，t 时刻该点的点热源温度场 θ_2 表达式为

$$\theta_2 = \frac{Q_0}{c\rho(4\pi at)^{3/2}} \exp\left(-\frac{x^2 + y^2 + z^2}{4at}\right) \tag{5.71}$$

若点热源不在工件原点处，而在 (ξ, η, ζ) 处，则 t 时刻该点的点热源温度场 θ_2 可表达为

$$\theta_2 = \frac{Q_0}{c\rho(4\pi at)^{3/2}} \exp\left[-\frac{(x-\xi)^2 + (y-\eta)^2 + (z-\zeta)^2}{4at}\right] \tag{5.72}$$

4. 无限大物体瞬时无限长线热源温度场模型

假设在无限大物体内有一瞬时无限长的线热源与 y 轴重合，在初始时刻，单位长度的线热源的热量为 q_2 J/m，该线热源也为瞬时热源，因此立即消失。除 y 轴上的各点外，其余点的初始温度均为 $0°C$。由 t 时刻该点的点热源温度场 θ_2 可知，当热源在 y 轴上时，$\xi=\zeta=0$。在线热源上一取微分单元 $\mathrm{d}\eta$ 作为点热源，其强度为 $q_2\mathrm{d}\eta$，因此，工件上任意一点 $M_1(x_1, y_1, z_1)$ 在 t 时刻的 θ_3 的微分式为

$$\mathrm{d}\theta_3 = \frac{q_1\mathrm{d}\eta}{c\rho(4\pi at)^{3/2}} \exp\left[-\frac{x_1^2 + z_1^2 + (y_1-\eta)^2}{4at}\right] \tag{5.73}$$

瞬时无限长线热源 t 时刻在 $M_1(x_1, y_1, z_1)$ 处的温度为

$$\theta_3 = \int_{-\infty}^{+\infty} \frac{q_2\mathrm{d}\eta}{c\rho(4\pi at)^{3/2}} \exp\left[-\frac{x_1^2 + z_1^2 + (y_1-\eta)^2}{4at}\right] \tag{5.74}$$

当 $\eta \to -\infty$ 时，$v=+\infty$；当 $\eta \to +\infty$ 时，$v=-\infty$。$M_1(x_1, y_1, z_1)$ 处的温度可表达为

$$\int_{-\infty}^{+\infty} \exp\left[-\frac{(y_1-\eta)^2}{4at}\right] \mathrm{d}\eta = -\int_{+\infty}^{-\infty} \mathrm{e}^{-v^2}\sqrt{4at}\mathrm{d}v = \sqrt{4at}\int_{-\infty}^{+\infty} \mathrm{e}^{-v^2}\mathrm{d}v \tag{5.75}$$

已知 $\int_0^{+\infty} \mathrm{e}^{-v^2}\mathrm{d}v = \frac{\sqrt{\pi}}{2}$，所以有

$$\theta_3 = \frac{q_2}{c\rho 4\pi at} \exp\left(-\frac{x_1^2 + z_1^2}{4at}\right) \tag{5.76}$$

如果线热源不在 y 轴上，而在平行 y 轴的 (ξ, y, ζ) 处，则 $M_1(x_1, y_1, z_1)$ 处的温度可表达为

$$\theta_3 = \frac{q_2}{4\pi\lambda t} \exp\left[-\frac{(x_1-\xi)^2 + (z_1-\xi)^2}{4at}\right] \tag{5.77}$$

5. 半无限大物体绝热边界温度场模型

当热源位于物体表面的中央处时,向上方传热与其他方向明显不同,因为物体上方空气的导热系数比金属本身的要小,因此可以看成是绝热的边界,此时的物体可视为半无限大物体。将真实热源 Q 相对于对称边界平面处设置一镜像热源 Q_i,两热源相等。这样无限大物体内的温度场就能适用于半无限大物体的边界条件。其原因是假设物体仍然为无限大,Q 经过的平面传入的热流量与 Q_i 经过上平面传入的热流量相等,如图 5.26 所示。因此,相当于没有热量传出,符合绝热的边界要求。半无限大物体的热传导问题就相当于无限大物体的热传导问题。采用温度叠加法,设物体内任意一点 $M_2(x_2, y_2, z_2)$ 的温度为 θ_4,该点的温度为真实热源 Q 的温度 θ_z 与镜像热源 Q_i 的温度 θ_j 的叠加,可得

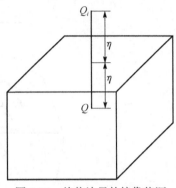

图 5.26 绝热边界的镜像热源

$$\theta_4 = \theta_z + \theta_j \tag{5.78}$$

当物体表面温度与无限大物体表面温度呈倍数关系时,镜像热源 Q_i 与真实热源 Q 重合,如图 5.27 所示,曲线 1 和曲线 2 重合,因此物体表面温度与无限大物体表面温度符合倍数关系,即

$$\theta_{acm} = 2\theta_{inf} \tag{5.79}$$

式中,θ_{inf} 为半无限大物体的温度;θ_{acm} 为无限大物体的温度。

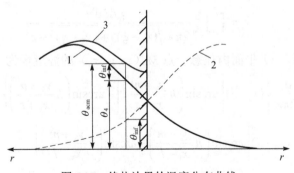

图 5.27 绝热边界的温度分布曲线

6. 半无限大物体表面静止的连续作用面热源温度场

当物体为半无限大物体时,如图 5.28 所示,则任意一点的温度场 θ_5 应表达为

$$\theta_5 = \frac{q_t}{2\pi \lambda R} \tag{5.80}$$

设面热源的面积为 $2l \times 2m$，求解面上任意一点 $M_3(x_3, y_3, z_3)$ 的温度，在面热源上取任意一点 $B(\xi, \eta, 0)$，则 B 到 M_3 点距离为

$$R = \sqrt{(x_3 - \xi)^2 + (y_3 - \eta)^2 + z_3^2} \tag{5.81}$$

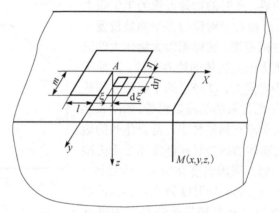

图 5.28 半无限大物体表面静止面热源

面热源的热流密度为 q_3，在 B 点取微分单元 $\mathrm{d}\xi\mathrm{d}\eta$，则 B 点的热源强度为 $q_3\mathrm{d}\xi\mathrm{d}\eta$，则得到 M_3 点温度的微分方程为

$$\mathrm{d}\theta_5 = \frac{q_3\mathrm{d}\xi\mathrm{d}\eta}{2\pi\lambda\sqrt{(x_3 - \xi)^2 + (y_3 - \eta)^2 + z^2}} \tag{5.82}$$

对于整个面热源，M_3 点温度 θ_5 为

$$\theta_5 = \int_{-t}^{t} \int_{-m}^{m} \frac{q_3\mathrm{d}\xi\mathrm{d}\eta}{2\pi\lambda\sqrt{(x_3 - \xi)^2 + (y_3 - \eta)^2 + z^2}} \tag{5.83}$$

进行变量代换后，XY 平面内任意一点 $M_3(x_3, y_3, z_3)$ 的温度场为

$$\begin{aligned}
\theta_5 = \frac{q_3}{2\pi\lambda} &\left\{ (x_3 + l)\left[\arcsin\left(h\frac{y_3 + m}{x_3 + t}\right)\right] - \arcsin\left(h\frac{y_3 - m}{x_3 + t}\right) \right\} \\
&+ (x_3 - l)\left[\arcsin\left(h\frac{y_3 - m}{x_3 - l}\right) - \arcsin\left(h\frac{y_3 + m}{x_3 - l}\right)\right] \\
&+ (y_3 + m)\left[\arcsin\left(h\frac{x_3 + l}{y_3 + m}\right) - \arcsin\left(h\frac{x_3 - l}{y_3 + m}\right)\right] \\
&+ (y_3 - m)\left[\arcsin\left(h\frac{x_3 - l}{y_3 - m}\right) - \arcsin\left(h\frac{x_3 + l}{y_3 - m}\right)\right]
\end{aligned} \tag{5.84}$$

整个面热源的平均温度 $\bar{\theta}_5$ 为

$$\overline{\theta}_5 = \frac{q_3 l}{\lambda} \overline{A} \tag{5.85}$$

$$\overline{A} = \frac{2}{\pi}\left[\operatorname{arcsinh}\frac{m}{t} + \frac{m}{t}\operatorname{arcsinh}\frac{l}{m} + \frac{1}{3}\frac{l}{m} + \frac{1}{3}\left(\frac{m}{l}\right)^2 - \frac{1}{3}\left(\frac{l}{m}+\frac{m}{l}\right)\sqrt{1+\left(\frac{m}{t}\right)^2}\right] \tag{5.86}$$

式中，$\overline{A}$ 为与热源面积长与宽之比，是一个无量纲的面积因子，可查表得知。

7. 受热密度函数

微织构球头铣刀前刀面受热是由热源产生热量引起的。在刀-屑接触区域内，将热源视为静止热源，因此所研究的温度场为半无限大物体表面静止的连续作用面热源温度场。已知刀-屑接触区域内面热源的单位时间的热源强度 Q_m。刀-屑接触宽度为 l_w，刀-屑接触长度为 l_f，如图 5.29 所示。

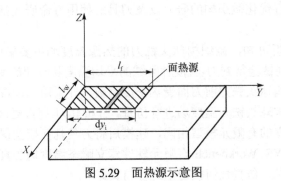

图 5.29 面热源示意图

设带状点热源与原点间距离为 dy_i，热源的温升的微分形式为

$$d\theta = \frac{Q_m dy_i}{\pi c \rho a t} e^{-\frac{(y-y_i)^2 + z^2}{4at}}\left[\operatorname{erf}\left(\frac{x}{\sqrt{4at}}\right) - \operatorname{erf}\left(\frac{x - l_w}{\sqrt{4at}}\right)\right] \tag{5.87}$$

$M_4(x_4, y_4, z_4)$ 点在整个面热源上的总温升为

$$\theta = \frac{Q_m}{c\rho(\pi a t)^{1/2}} e^{-\frac{z_4^2}{4at}}\left[\operatorname{erf}\left(\frac{x_4}{\sqrt{4at}}\right) - \operatorname{erf}\left(\frac{x_4 - l_f}{\sqrt{4at}}\right)\right]\left[\operatorname{erf}\left(\frac{y_4}{\sqrt{4at}}\right) - \operatorname{erf}\left(\frac{y_4 - l_w}{\sqrt{4at}}\right)\right] \tag{5.88}$$

刀-屑接触区的热源强度为

$$Q_m = q_{ft} \tag{5.89}$$

刀具内任意一点和刀具表面上的温度值为

$$\theta = \frac{\overline{q}}{c\rho(\pi a t)^{1/2}} e^{-\frac{z_4^2}{4at}}\left[\operatorname{erf}\left(\frac{x_4}{\sqrt{4at}}\right) - \operatorname{erf}\left(\frac{x_4 - l_f}{\sqrt{4at}}\right)\right]\left[\operatorname{erf}\left(\frac{y_4}{\sqrt{4at}}\right) - \operatorname{erf}\left(\frac{y_4 - l_w}{\sqrt{4at}}\right)\right] \tag{5.90}$$

$M_4(x_4, y_4, z_4)$点位于前刀面上,因此取$z_4=0$。温度场模型转化为微织构球头铣刀前刀面的受热密度函数为

$$\theta = \frac{\bar{q}}{c\rho(\pi at)^{1/2}}\left[\mathrm{erf}\left(\frac{x_4}{\sqrt{4at}}\right) - \mathrm{erf}\left(\frac{x_4 - l_f}{\sqrt{4at}}\right)\right]\left[\mathrm{erf}\left(\frac{y_4}{\sqrt{4at}}\right) - \mathrm{erf}\left(\frac{y_4 - l_w}{\sqrt{4at}}\right)\right] \quad (5.91)$$

5.3.4 微织构球头铣刀温度场的有限元仿真

1. 有限元模型的建立

在钛合金的高速铣削加工过程中,刀片上温度的变化直接以热应力的变化呈现出来,而刀片内部局部热应力过高将直接影响刀具的磨损和黏结破损。但实际生产加工过程中,刀具的热应力是无法测量的,需要通过有限元仿真软件来研究刀具在切削加工过程中的热应力分布。因此,对微织构球头铣刀的温度场进行研究,为进一步进行优化微织构的研究以及刀具的使用寿命研究都具有十分重要的意义。

基于以上分析可知,微织构球头铣刀的热源温度场主要集中在刀-屑接触区域,而且通过铣削试验得到刀-屑接触区域的平均温度随时间的变化值,根据热源法计算求得微织构球头铣刀前刀面受热密度函数,并采用ANSYS Workbench有限元软件对微织构球头铣刀温度场进行仿真,分析其刀-屑接触区的受热情况。与应力场仿真所建立的有限元模型相同,建模后将刀具几何模型保存为.x_t格式文件,再通过ANSYS Workbench有限元软件建立瞬态温度场仿真分析项目,将刀具几何模型文件导入仿真几何模型中进行仿真。

2. 确定边界条件与载荷

在确定热分析的边界条件之前,应该先进行热源温度场的传热方式分析。热分析的基本传热方式有热传导、热对流和热辐射。热传导可以定义为完全接触的两个物体之间或一个物体的不同部分之间由温度梯度引起的内能交换。热传导遵循傅里叶定律[22]:

$$q^n = -\lambda \frac{\mathrm{d}T}{\mathrm{d}x} \quad (5.92)$$

式中,q^n为热流密度;λ为导热系数,负号表示热量流向温度降低的方向。

热对流是指固体的表面与它周围接触的流体之间,由于温差的存在引起的热量交换。热对流可以分为两类:自然对流和强制对流。热对流用牛顿冷却方程来描述:

$$q^n = h(T_S - T_B) \quad (5.93)$$

式中，h 为对流换热系数；T_S 为固体表面的温度；T_B 为周围流体的温度。

热辐射是指物体发射电磁能，并被其他物体吸收转变为热的热量交换过程。物体温度越高，单位时间辐射的热量越多。热传导和热对流都需要有传热介质，而热辐射无需任何介质。实质上，在真空中的热辐射效率最高。

根据微织构球头铣刀实际切削钛合金的过程温度场分析，刀片上的温度场存在热传导和热对流，不考虑热辐射的影响。同时刀片内部没有热源，将温度载荷直接施加到刀-屑接触区域。根据金属切削原理，刀具的导热微分方程为

$$\frac{\partial \theta}{\partial t} = \frac{\lambda}{c\rho}\left(\frac{\partial^2 \theta}{\partial x^2} + \frac{\partial^2 \theta}{\partial y^2} + \frac{\partial^2 \theta}{\partial z^2}\right) \tag{5.94}$$

根据能量守恒原理，通过对导热微分方程求解可以得到微织构球头铣刀上温度场的变化规律。为了求解导热微分方程，得出温度场的分布，必须满足初始条件和边界条件。初始条件是指传热过程开始时整个物体的温度分布是已知的。初始条件可表示为

$$\begin{cases}(t)_{\tau=0} = t_0 \\ (t)_{\tau=0} = f(x,y,z)\end{cases} \tag{5.95}$$

式中，t_0 表示开始时物体的温度是均匀的；$f(x,y,z)$ 为已知函数，表示物体的初始温度随坐标的变化而有不同的数值。

边界条件是指过程开始后物体边界与周围介质之间的传热方式是已知的。边界条件通常可分为以下三类[23]。

1）第一类边界条件

在第一类边界条件下，物体边界上各点温度$(t)_\Gamma$ 随位置与时间的函数关系是已知的。在最简单的情况下$(t)_\Gamma$ 为定值 t_w，即

$$\begin{cases}(t)_\Gamma = f(x,y,z,\tau) \\ (t)_\Gamma = t_w\end{cases} \tag{5.96}$$

式中，$f(x,y,z,\tau)$ 为已知的边界温度随位置及时间的函数关系；t_w 为边界温度已知的常数值；Γ 为下标，表示边界。

2）第二类边界条件

在第二类边界条件下，物体边界上各点沿法向的热流密度$(q_n)_\Gamma$ 随位置与时间的函数关系是已知的，在稳定的导热情况下，$(q_n)_\Gamma$ 为定值 q_w，即

$$\begin{cases}(q_n)_\Gamma = -\lambda\left(\dfrac{\partial t}{\partial n}\right)_\Gamma = f(x,y,z,\tau) \\ (q_n)_\Gamma = -\lambda\left(\dfrac{\partial t}{\partial n}\right)_\Gamma = q_w\end{cases} \tag{5.97}$$

式中，$(q_n)_\Gamma = -\lambda \left(\dfrac{\partial t}{\partial n}\right)_\Gamma$ 为傅里叶定律的向量表达式；n 为边界上任意一点指向外的法线；$f(x, y, z, \tau)$ 为已知的边界上某点热流密度随位置及时间的函数关系；q_w 为边界上已知的热流密度值。

如果是绝热边界，由于边界上没有热量的传递，热流密度值为零，所以有

$$\left(\dfrac{\partial t}{\partial n}\right)_\Gamma = 0 \tag{5.98}$$

3）第三类边界条件

第三类边界条件是指当物体表面与流体发生对流换热时，流体介质的温度 t_f 以及放热系数 α 是已知的。按照能量守恒原理，单位时间内，流体介质与物体在传热表面的换热量应等于物体向表面传导的热量，即

$$-\lambda \left(\dfrac{\partial t}{\partial n}\right)_\Gamma = \alpha(t_w - t_f) \tag{5.99}$$

式中，α 为放热系数，由介质的物理状态决定；t_f 为流体介质的温度。

在研究温度场的实际问题过程中，第三类边界条件使用比较广泛。由以上讨论可知，导热微分方程及相应的边界条件构成了求解导热问题完整的数学模型。微织构球头铣刀在铣削钛合金过程，将刀-屑接触区域视为刀具上的热源，通过传热学模型求解出的刀具温度场，根据第三类边界条件来进行刀具温度场的有限元仿真分析，即可完成微织构球头铣刀温度场的求解分析。

由于微织构球头铣刀在铣削钛合金是一个切入、切出的过程，所以，刀具上的温度会呈现先升高后降低。在实际切削过程中，刀具是单齿切削，因此分析热源温度场时只考虑单齿的热源。仿真分析前刀具的整体温度为28℃。微织构球头铣刀整体示意如图5.30所示，刀具装夹到刀杆中，面 C 与背面 C_1，面 D 与刀杆

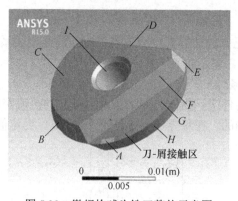

图 5.30 微织构球头铣刀整体示意图

紧密配合。用螺钉从中心孔穿过，面 I 与螺钉紧密配合；面 B、E、F、G、H 置于空气中，面 A 为刀-屑接触区域，在铣削过程中面 A 与切屑紧密接触区也是刀具上温度场的热源主要产生区域。

因此，在切削钛合金时，刀具温度场的边界条件为

$$\begin{cases} \dfrac{\partial \theta}{\partial t} = \dfrac{\lambda}{c\rho}\left(\dfrac{\partial^2 \theta}{\partial x^2} + \dfrac{\partial^2 \theta}{\partial y^2} + \dfrac{\partial^2 \theta}{\partial z^2}\right) \\ C, I, D, E, C_1 : T = T_\infty \\ B, F, G, H : -\lambda_1 \dfrac{\partial T}{\partial n_i} = \alpha(T_i - T_0) \\ A : \theta = f(x, y, z, t) \end{cases} \quad (5.100)$$

在切出钛合金时，微织构球头铣刀置于空气中，与空气接触处于冷却状态。刀具温度场的边界条件为

$$\begin{cases} \dfrac{\partial \theta}{\partial t} = \dfrac{\lambda}{c\rho}\left(\dfrac{\partial^2 \theta}{\partial x^2} + \dfrac{\partial^2 \theta}{\partial y^2} + \dfrac{\partial^2 \theta}{\partial z^2}\right) \\ C, I, D, E, C_1 : T = T_\infty \\ B, F, G, H, A : -\lambda_2 \dfrac{\partial T}{\partial n_i} = \alpha(T_i - T_0) \end{cases} \quad (5.101)$$

式中，T_∞ 为刀具温度达到稳定时相应区域的温度，由于刀具装夹在刀杆内部，所以温度取室温；n_i 为刀具表面外法线的方向；λ_1 为微织构球头铣刀的导热系数；λ_2 为空气的导热系数；α_i 为对流换热系数；θ 为微织构球头铣刀表面的受热密度函数。

3. 仿真结果分析

微织构球头铣刀随时间变化的温度场仿真结果如图 5.31 所示。微织构球头铣刀在切削钛合金的过程，随着刀具的切入，刀具与切屑接触摩擦产生热量，使刀具表面上温度逐渐升高。由于刀具在切入钛合金的过程中，刀具表面刀-屑接触区域与切屑持续接触摩擦产生热量，所以刀具从切入到切出，刀具表面的温度逐渐

(a) t=0.0016s

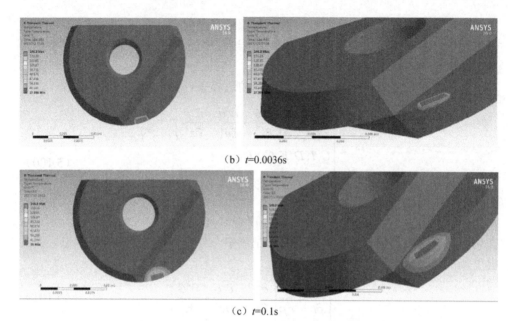

(b) $t=0.0036$s

(c) $t=0.1$s

图 5.31 微织构球头铣刀随时间变化的温度场仿真结果

升高,当刀具切出工件时温度达到最高值;微织构球头铣刀表面的最高温度主要集中在前刀面的刀-屑接触区域以及后刀面靠近切削刃区域,其原因是在切削过程中刀-屑接触区域与切屑持续摩擦产生大量的热,由于接触面积及刀具的比热容都较小,短时间内不容易将热量传递,所以在刀-屑接触区域温度非常高。而在刀具后刀面靠近切削刃附近,刀具与工件表面持续接触摩擦产生大量的热,因此以上两个区域最容易发生黏结磨损。由于是斜面切削,刀尖不参与切削,所以刀尖处的温度不高,刀具表面温度部分梯度较均匀。

5.4 微织构球头铣刀热-力耦合有限元仿真研究

微织构球头铣刀在铣削钛合金过程是一个非线性的热力耦合过程,由于切削力的作用,在刀具上产生一定的应力场,而切削力的增加也会造成刀具表面局部温度升高;由于切削过程刀具与切屑、工件发生剧烈的摩擦以及在工件上的剪切滑移产生大量的热,从而刀具上的热应力增大,应力场与温度场综合作用在刀具上,使刀具发生磨损及黏结破损。因此,本节通过对微织构球头铣刀铣削钛合金过程热-力耦合行为进行仿真研究,得出微织构刀具切削过程中的等效应力、等效位移变化情况,为刀片的磨损研究提供了必要的依据,从而为进一步提高微织构球头铣刀的性能和使用寿命研究提供了基础数据与理论依据。因此,对微织构球头铣刀铣削过程热-力耦合行为研究具有十分重要的意义。

5.4.1 刀具热应力仿真

在切削钛合金的过程中,由于刀具与切屑、工件产生巨大的摩擦以及切屑与工件之间的剪切滑移,刀具表面温度迅速升高;在切出钛合金时,刀具在空气中冷却,表面温度又下降,这样刀具在切削过程中承受着周期性的热冲击,从而在刀具内部产生周期变化的热应力。而刀具切削钛合金过程中,由于热应力集中,容易在刀具上发生黏结破损。在实际加工过程中,由于条件的限制,无法直接测出刀具在加工过程中的热应力分布。并且切削过程中的温度场分布比较复杂,也不能通过计算得到微织构球头铣刀热应力的分布情况。因此,采用有限元仿真软件来对微织构球头铣刀加工过程的热应力场进行仿真分析,从而得到刀具上的热应力分布。

1. 刀具几何模型的建立

本章采用 ANSYS Workbench 软件对微织构球头铣刀进行热应力仿真分析。其中采用的方法为间接法,首先对微织构球头铣刀的瞬时温度场进行仿真分析;将仿真结果作为载荷边界条件施加到刀具的热应力分析中进行仿真求解,从而得出微织构球头铣刀表面的热应力分布。

微织构球头铣刀有限元模型同样采用 SolidWorks 软件建立,导入 ANSYS Workbench 软件中,刀具的几何尺寸都不变;在进行网格划分时,网格类型及单元大小都不变,采用四面体网格,网格局部尺寸优化也与应力场、温度场仿真的模型一样。建立完刀具的几何模型后,添加刀具材料的属性。

2. 边界条件及载荷施加

首先设置位移边界条件,同微织构球头铣刀应力场仿真分析一样,将刀具正面、背面以及顶部的面施加固定约束,固定这三个面的六个自由度。然后将微织构球头铣刀切削过程的瞬态温度场仿真结果文件作为载荷边界条件施加到热应力仿真分析中,施加到刀屑接触区域。施加完载荷之后,设置参考温度,参考温度设置为28℃。主要流程如图5.32所示。

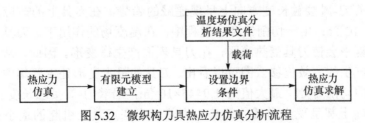

图 5.32 微织构刀具热应力仿真分析流程

3. 热应力仿真结果分析

位移边界条件和载荷边界条件设置后,对微织构球头铣刀有限元模型的热应力仿真进行求解分析。微织构球头铣刀热应力仿真结果云图如图5.33所示,图5.33(a)为微织构球头铣刀的等效应力云图;图5.33(b)为刀具等效位移云图。

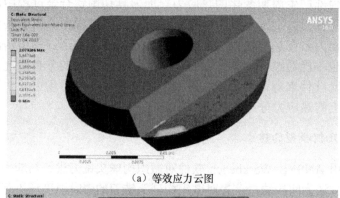

(a) 等效应力云图

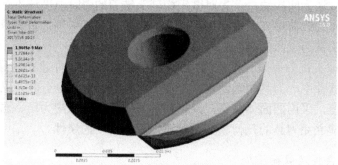

(b) 等效位移云图

图5.33 微织构球头铣刀热应力仿真结果云图

从等效应力云图中可以看出,微织构球头铣刀在切削钛合金过程中,由切削温度在刀具上产生的热应力主要分布在刀屑接触区域及后刀面靠近切削刃处。其中,沿着切削刃处的热应力值最大,为 $2.0782 \times 10^6 Pa$,并且从切削刃处开始,沿着刀-屑接触长度方向上呈现递减的趋势,在刀具上的热应力最小值为 $2.3091 \times 10^5 Pa$;由于切削钛合金过程中,在温度场的作用下,刀具表面温度升高的过程中会使刀具受热膨胀,在刀具表面产生微变形。因此,从切削温度在刀具上产生的等效位移云图可以看出,刀具的最大变形处主要集中在刀具与工件接触的切削刃处,最大值为 $1.9445 \times 10^{-9} m$,沿着刀-屑接触长度和刀-屑接触宽度方向上都呈现出递减的趋势,由热应力在刀具上引起的最小变形值为 $2.1605 \times 10^{-10} m$。

由于微织构球头铣刀在铣削钛合金的过程是不连续切削,刀具在切入切出过程中承受着交替变化的热应力冲击,所以在应力集中处容易产生微裂纹;而且由于钛合金的难加工性及黏附性,刀具在切削过程中容易产生热应力,且在刀-屑接触区及刀具与工件接触的切削刃处容易发生黏结磨损和崩刃现象。

5.4.2 微织构球头铣刀热-力耦合仿真

微织构球头铣刀在铣削钛合金过程是一个非线性的热-力耦合过程。在实际切削过程中,刀具既承受着切削力冲击作用也承受着切削温度的冲击作用。在切入、切出工件时,刀具切削力体现在交替变化的机械应力,切削温度体现在交替变化的热应力,随着切削力的增加会导致刀具上切削温度变大,而切削温度增加会使刀具上热应力变大[24]。因此,在实际切削钛合金过程中,机械应力与热应力共同作用在刀具上,研究刀具实际加工过程中的状况,应对刀具上的应力场与温度场进行耦合研究。因此,本章最终研究的目标是对微织构球头铣刀铣削钛合金过程的热-力耦合行为进行研究。

耦合场分析是指在进行有限元仿真分析时,需要考虑多个物理场对有限元模型的共同作用以及各个物理场之间的相互影响。本节对微织构球头铣刀进行的热-力耦合仿真分析仍采用 ANSYS Workbench 软件,该软件具有多场求解器,可用于多类耦合场分析问题,它的优势在于可以很方便地进行多物理场耦合分析。本节采用的仿真分析方法为载荷传递耦合分析方法,属于间接仿真分析。以热-力耦合为例,其步骤首先是对有限元模型进行热应力仿真分析,其中热分析的节点温度作为载荷施加到随后的机械应力分析中进行热力耦合仿真分析。

对微织构球头铣刀铣削过程的热-力耦合仿真分析主要步骤如图 5.34 所示。

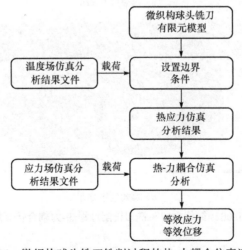

图 5.34 微织构球头铣刀铣削过程的热-力耦合仿真流程图

首先建立微织构球头铣刀的几何模型以及将几何模型导入 ANSYS Workbench 软件中进行网格划分，刀具的几何模型及网格划分都和应力场、温度场仿真分析一样，刀具几何尺寸及网格大小都不变；然后对微织构球头铣刀进行热应力仿真分析，再将刀具热应力仿真分析的结果文件作为载荷施加到应力场仿真分析中；最后对应力场中刀具模型设置边界条件、施加机械应力载荷，设置仿真停止时间以及参考温度为室温；最终对微织构球头铣刀铣削过程热-力耦合进行求解得到刀具的等效应力与等效位移。

5.4.3　仿真结果分析

通过 ANSYS Workbench 软件中多场耦合分析功能对微织构球头铣刀铣削过程热-力耦合进行仿真求解，仿真结果如图 5.35 和图 5.36 所示。图 5.35 为切入工件 0.002s 时微织构球头铣刀铣削过程热-力耦合仿真结果云图，图 5.36 为即将切出工件 0.0032s 时微织构球头铣刀铣削过程热-力耦合仿真结果云图。

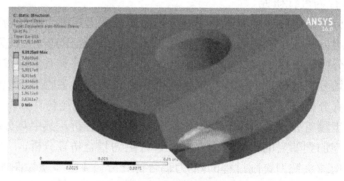

（a）等效应力云图

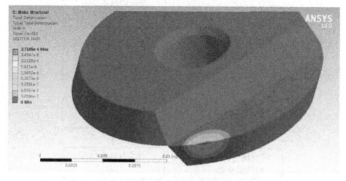

（b）等效位移云图

图 5.35　0.002s 微织构球头铣刀铣削过程热-力耦合仿真结果云图

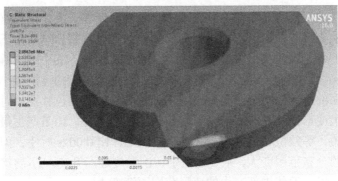

(a) 等效应力云图

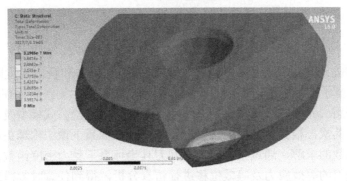

(b) 等效位移云图

图 5.36　0.0032s 微织构球头铣刀铣削过程热-力耦合仿真结果云图

从图 5.35 和图 5.36 中可以看出，微织构球头铣刀切削过程热-力耦合仿真分析结果都比前面研究分析的应力场与温度场单独作用在刀具上产生的等效应力与等效位移大。从图 5.35 中可以看出，当微织构球头铣刀在切入工件 0.002s 时，耦合场产生的等效应力与等效位移达到最大值，主要是因为当切入工件 0.002s 时，刀具所受的切削力达到最大值，虽然切削温度还在升高，但在切削力与切削温度共同作用下，刀具所受的热-力耦合场达到最大值。从等效应力云图中可以看出，等效应力不只分布在前刀面刀-屑接触区域，刀具后刀面应力值也很大，最大等效应力值主要集中在后刀面靠近切削刃处，等效应力最大值为 $8.8525×10^8$Pa，其原因是切削过程中切削力向后挤压刀具前刀面，刀具在所受热应力的共同作用下，使刀-屑接触区域及切削刃下方产生应力集中现象；微织构球头铣刀在实际切削钛合金过程中，在刀具的等效应力集中的区域更容易产生裂纹，使刀具发生破损。从等效位移云图中可以看出，耦合场作用下刀具的变形主要发生在刀-屑接触区域以及靠近切削刃的后刀面，刀具最大变形发生在刀具与工件接触的切削刃处，最大值为 $2.7165×10^{-6}$m，并且由切削刃处向刀体内部递减，最小值为 $3.0184×10^{-7}$m。

从图 5.36 中可以看出，当微织构球头铣刀在切入工件 0.0032s 时，这时刀具即将切出工件表面，由于切削力逐渐减小，虽然温度在升高，但最终耦合场的结果为减小。从刀具等效应力图中可以看出，在这一时刻耦合场作用下的等效应力主要集中在刀-屑接触区域，主要是因为切削温度的影响，其中最大等效应力值为2.8567×10^8Pa，比 0.002s 时的等效应力值小；由于切削力的逐渐减小，微织构球头铣刀后刀面的等效应力分布也逐渐减小；从刀具的等效位移图中可以看出，此时刀具的最大变形依然是在刀具与工件接触的切削刃处，但是产生最大变形的切削刃长度变短，等效位移最大值为 3.1965×10^{-7}m，比 0.002s 时小；刀具的等效位移在前刀面的分布范围变大，主要是由于切削温度逐渐升高，刀-屑接触区域发生膨胀变形，所以，刀体内部产生的变形范围逐渐变大。

5.5 本章小结

本章首先通过试验分别研究了切削过程中的铣削力和铣削温度随时间的变化情况，测量了同一切削周期内的铣削力、铣削温度与刀-屑接触面积；根据铣削力试验，采用二元回归线性拟合的方法建立了铣削力经验公式模型及刀屑接触面积试验式。其次，根据所建立的模型进行了机床坐标系下微织构球头铣刀前刀面受力密度函数的求解，通过坐标转换得到刀具坐标系下受力密度函数；通过对微织构球头铣刀的等效应力及等效位移进行仿真分析，得到任意时刻微织构球头铣刀所受的瞬时应力和应变状态。再次，根据铣削温度试验，拟合出了铣削温度随时间变化的函数后，对微织构球头铣刀铣削钛合金时的热源进行了分析，采用量纲分析法对微织构球头铣刀的热流密度函数进行求解，并将工件视为半无限静止面热源后，对微织构球头铣刀的受热密度函数进行了求解。最后，在对微织构球头铣刀热应力进行了有限元仿真分析的基础上，对微织构球头铣刀进行了热-力耦合有限元仿真分析研究，得到了微织构球头铣刀在铣削钛合金过程中，热应力与机械应力共同作用下刀具的等效应力与等效位移及耦合场在切削钛合金过程中的变化情况，进一步分析了微织构刀具在实际切削过程中的应力集中区域以及破损区域，从而为微织构的磨损破损研究以及进一步的优化设计研究打下了良好的基础。

参 考 文 献

[1] 陈碧冲. 微织构刀具的设计与切削性能试验研究. 北京：北京理工大学硕士学位论文, 2015.

[2] 周泽华.金属切削理论.北京：机械工业出版社, 1992.

[3] 夏海涛. 基于切削力和切削温度实施刀具实时监测的研究. 青岛：青岛理工大学硕士学位论文, 2010.

[4] Ko T J, Kim H S, Lee S S. Selection of the machining inclination angle in high-speed ball end milling. The International Journal of Advanced Manufacturing Technology, 2001, 17(3):163-170.

[5] 张为, 程晓亮, 郑敏利, 等. 球头刀高速铣削模具钢热力分布3D模拟. 沈阳工业大学学报, 2015, 37(2):171-175.

[6] Yang S C, Jiang B, Li H Y, et al. Cutting thickness of high speed ball-end milling hardened steel. Advanced Materials Research, 2012, 426(2):24-27.

[7] 张闰红. 三维复杂槽型铣刀片受力密度函数及应力场的研究. 哈尔滨：哈尔滨理工大学硕士学位论文, 2004.

[8] 程耀楠, 李振加, 郑敏利, 等. 波形刃铣刀片受力密度函数的研究及其应力场分析. 黑龙江工程学院学报, 2006, 5(2):15-18.

[9] Heikkala J. Determining of cutting-force components in face milling. Journal of Materials Processing Technology, 1995, 52(1):1-8.

[10] Wertheim R, Lauscher H J, Ber A. Wear behavior and chip formation as a function of slotting cutter geometry and machining parameters. International Hi-Tech 6 Conference in Hew Frontiers in Tool Materials, 1985.

[11] 李兆坤, 谭光宇, 刘广军. 面铣铣削力试验分析及受力密度函数研究. 机械设计与研究, 2004, 20(4):57-58.

[12] 李洪江. 球头铣刀铣削力建模及仿真关键技术研究. 南京：南京航空航天大学硕士学位论文, 2006.

[13] 孙雅洲, 孟庆鑫, 韩丽丽, 等. 微细铣削应力场和温度场的有限元模拟. 现代制造工程, 2008, (12):66-69.

[14] Kim H S, Ehmann K f. A cutting force model for face milling operations. International Journal of Machine Tools & Manufacture, 1993, 33(5):651-673.

[15] Hirao M. Determining temperature distribution on flank face of cutting tool. Journal of Materials Shaping Technology, 1989, 6(3):143-148.

[16] 王玉斌. 三维槽型铣刀片受热密度函数与温度场数学模型的研究. 哈尔滨：哈尔滨理工大学硕士学位论文, 2005.

[17] 王志刚, 刘琳, 王玉斌, 等. 三维复杂槽型铣刀片切削温度与粘接破损研究. 机械工程师, 2005, (4):29-31.

[18] 郭强, 谭光宇, 董丽华, 等. 三维槽型铣刀片铣削平均温度数学模型. 哈尔滨理工大学学报, 2000, 5(6):33-36.

[19] Jaspers D S P F C, Dautzenberg J H, Taminiau D A. Temperature measurement in orthogonal metal cutting. International Journal of Advanced Manufacturing Technology, 1998, 14(1):7-12.

[20] 任种, 侯学元, 韩淑华. 基于有限元仿真的高速干式切削立铣刀切削温度研究. 工具技术, 2009, 43(8):75-77.
[21] 耿国盛, 徐九华, 傅玉灿, 等. 高速铣削近α钛合金的切削温度研究.机械科学与技术, 2006, 22(3):328-340.
[22] 吴明阳, 程耀楠, 刘献礼. 三维复杂槽型铣刀片力热实验研究及物理场分析. 哈尔滨理工大学学报, 2010, 15(3):102-106.
[23] 李维特. 热应力理论分析及应用. 北京：中国电力出版社, 2004.
[24] 孙宝军. 三维复杂槽型铣刀片力-热耦合物理场研究. 哈尔滨：哈尔滨理工大学硕士学位论文, 2006.

第6章 高速切削钛合金表面完整性

6.1 表面完整性概述

评价钛合金是否合格的质量指标除了机械加工精度，还有机械加工表面完整性[1,2]。机械加工表面完整性是指零件经过机械加工后的表面层状态，主要包括表面粗糙度、表面加工硬化、表面残余应力和表面变质层。对于微织构球头铣刀切削钛合金，探讨和研究钛合金已加工表面，掌握机械加工过程中微织构参数对钛合金表面完整性的影响规律，对于保证和提高钛合金的质量具有十分重要的意义。

6.1.1 表面完整性概念及内涵

表面完整性又称机械加工表面质量，其内涵包括以下两个方面的内容。

1. 表面层的几何形状特征

（1）表面粗糙度。表面粗糙度是加工表面的微观几何形状误差，其波长与波高比值一般小于 50。表面粗糙度的评定参数主要有轮廓算数平均偏差 R_a 和轮廓微观不平度十点平均高度 R_z。表面粗糙度是由加工中的残留面积、塑性变形、积屑瘤以及工艺系统的高频振动等造成的[3]。

（2）表面波度。加工表面不平度中波长与波高的比值等于 50~1000 的几何形状误差称为波度，它是介于宏观形状误差与微观表面粗糙度之间的周期性形状误差，主要是由机械加工过程中低频振动引起的，应作为工艺缺陷设法消除。当波长与波高的比值大于 1000 时，称为宏观几何形状误差，如圆度误差、圆柱度误差等，它们属于加工精度范畴。

（3）表面加工纹理。表面加工纹理是指表面切削加工刀纹的形状和方向，它取决于表面形成过程中所采用的机械加工方法及其切削运动的规律。

（4）伤痕。伤痕是指在机械加工表面个别位置上出现的缺陷，如砂眼、气孔、裂痕、划痕等，它们大多随机分布。

2. 表面层的物理力学性能

由于机械加工中力因素和热因素的综合作用，加工表面层的物理学性能将发生一定的变化，主要反映在以下几个方面：

（1）表面层的加工硬化。表面层金属硬度的变化用硬化程度和深度两个指标来衡量。在机械加工过程中，工件表面层金属都会有一定程度的加工硬化，使表面层金属的显微硬度有所提高。一般情况下，硬化层的深度可以达到 0.05～0.30mm；若采用滚压加工，硬化层的深度可达几毫米。

（2）表面层金相组织的变化。机械加工过程中，切削热会引起表面层金属的金相组织发生变化。

（3）表面层的残余应力。由于切削力和切削热的综合作用，表面层金属晶格会发生不同程度的塑性变形或产生金相组织的变化，使表层金属产生残余应力。

6.1.2 已加工表面完整性形成过程

在切削过程中，切削刃不能绝对锋利，应有一定的钝圆半径 r_n 存在，另外，随着切削的进行，刀具后刀面会产生磨损，形成磨损宽度为 VB 的窄棱面，会使得第三变形区情况更加复杂[4]。因此，在分析已加工表面的形成过程时，需要综合钝圆半径及后刀面磨损影响的情况。球头铣刀单点切削刃的切削情况类似于斜角切削[5]，而斜角切削可以简化为直角切削，本章通过直角切削模型进行分析，如图 6.1 所示。

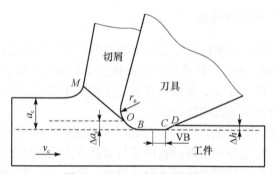

图 6.1 已加工表面形成过程

由于切削刃钝圆半径 r_n 的存在，当切削层经过点 O 时，切削深度 a_c 不能被刀具全部切除，会残留部分残留厚度 Δa_c，这是因为当切削层金属以 v_c 逐渐接近刀刃时，发生挤压与剪切变形，最终沿剪切面 OM 方向滑移形成切屑[6]。点 O 以下的部分材料在切削刃钝圆半径作用下被挤压摩擦产生塑性变形，与此同时，基体内部则发生弹性变形，当后刀面与工件表面不再接触时，此时工件弹性恢复了 Δh。在此过程中，工件与后刀面的接触长度由 VB 变成了 VB+CD，后刀面与已加工工件表面之间的挤压与摩擦有所增加，使已加工表面的变形增加，甚至导致已加工表面层的硬化。

6.1.3 影响表面完整性的因素

切削加工是指用切削工具（包括刀具、磨具和磨料）把坯料或工件上多余的材料层切去成为切屑，使工件获得规定的几何形状、尺寸和表面质量的加工方法，同时也是切削力与切削温度共同作用的过程，因而影响切削力以及切削温度的因素包括刀具材料、刀具几何因素、加工方式和切削用量等。

在切削过程中，刀具与工件之间及刀具与切屑之间相互接触，随着变形区的剪切滑移，产生摩擦与变形。刀具切削刃的微小接触区域，承受极大的压力、高温和剧烈的摩擦，刀具切削部分将会产生扩散磨损、黏结磨损、氧化磨损和磨粒磨损，导致切削刀具形状和尺寸的变化，从而影响零件切削的表面完整性。因此，在保证刀具合理设计、制造质量和正确装夹下，应正确地选择刀具几何因素，在满足切削表面完整性的条件下，提高刀具的寿命、生产效率，降低加工成本。与此同时，切削用量的合理选择对于满足零件使用性能的表面完整性具有十分重要的意义。合理的切削用量是指充分利用刀具的切削性能和机床能动性（功率、扭矩），在保证表面完整性的前提下，获得更高的生产率并且降低加工成本的切削参数。

6.1.4 表面完整性对零件使用性能的影响

1. 表面粗糙度对零件使用性能的影响

当两个相互摩擦的零件配合时，由于零件的表面粗糙度不平，只有零件表面的一些凸峰相互接触，接触部分集中在其波峰的顶部，而不是全部表面接触配合。因此，实际接触面积远远小于名义接触面积。由于实际接触面积小，当两个零件相互摩擦时，表面凸峰很快被压扁压平，产生剧烈磨损，从而影响零件的配合性质。

粗糙表面的耐腐蚀性能比光滑表面的差，因此腐蚀性物质容易聚集在粗糙表面的凹谷里和裂缝处，并逐渐扩大其腐蚀作用，从而影响零件的使用性能。在外力作用下，粗糙表面极易产生应力集中，使零件表面产生显微裂纹，降低零件的疲劳强度。研究表明，在没有加工硬化层和残余应力的情况下，表面粗糙度值越小，零件就越接近于基体材料的疲劳强度。

2. 表面加工硬化对零件使用性能的影响

表面层的加工硬化可使表面层的硬度提高，增强表面层的接触刚度，从而降低接触处的弹性、塑性变形，使耐磨性有所提高。但如果硬化程度不大，表面层金属组织会变脆，出现微观裂纹，甚至会使金属表面组织剥落，反而加剧零件的磨损。表面加工硬化通常对常温下工作的零件有利，有时可以提高零件的疲劳强度，但对高温下工作的零件则不利。由于零件表层硬度在高温作用下发生改变，零件表面层会发生残余应力松弛，塑性变形层内的原子扩散迁移率就会明显增加，从而导致钛合金元素加速氧化和晶界层软化。此时，加工硬化层越深、加工硬化程度越大、温度越高、时间越长，塑性变形层内上述变化过程就会越剧烈，进而导致零件沿加工硬化层晶界形成表面起始裂纹。起始裂纹进一步扩展就会形成疲劳裂纹，从而使零件的疲劳强度降低。

3. 表面残余应力对零件使用性能的影响

表面残余应力是指没有外力作用的情况下零件内部为保持平衡而存留的应力。残余应力产生的原因，一是在切削过程中由于塑性变形而产生的机械应力；二是由于切削加工中切削温度的变化而产生的热应力；三是由于相变引起体积变化而产生的应力。表面残余应力对零件的疲劳强度影响也很大。当表面层存在残余压应力时，能延缓疲劳裂纹的产生、扩展，提高零件的疲劳强度；当表面层存在残余拉应力时，零件则容易引起晶间破坏，产生表面裂纹而降低其疲劳强度。表面残余应力对零件的耐蚀性也有影响。残余压应力使表面组织致密，腐蚀性介质不易侵入，有助于提高零件表面的耐腐蚀能力；残余拉应力对零件耐蚀性的影响则恰恰相反。

6.2 微织构刀具切削钛合金表面粗糙度测试

表面粗糙度是评价零件耐用度的重要指标[7]。已加工表面粗糙度对工件的使用性能有多方面的影响，如密封性、接触刚度、耐腐蚀性、耐磨性和疲劳性能等。本节通过微织构球头铣刀铣削钛合金表面完整性试验，对钛合金表面粗糙度进行检测与观察，并且分析不同微坑织构参数对表面粗糙度的影响规律。

6.2.1 切削表面粗糙度正交试验

影响表面粗糙度的因素众多，本章主要分析同一织构下的不同参数对表面粗糙度产生的影响，应用正交试验法[8]，研究微坑织构直径、深度、间距以及与切削刃的距离对钛合金表面粗糙度的影响。基于以上参数设计了四因素四水平的正交试验，因素水平表如表 6.1 所示。

表 6.1 因素水平表

因素水平	直径 $D/\mu m$	深度 $H/\mu m$	间距 $L_1/\mu m$	与切削刃距离 $L_2/\mu m$
1	30	40	125	90
2	40	50	150	100
3	50	60	175	110
4	60	70	200	120

6.2.2 切削表面粗糙度正交试验数据分析

根据正交试验方案，利用微织构球头铣刀铣削钛合金。通过改变微坑织构的直径、深度、间距以及与切削刃距离，采集到用不同微坑参数的球头铣刀加工工件表面的表面粗糙度，对同一参数加工的钛合金表面进行三次测量，得到表面粗糙度的平均值作为试验结果。试验数据与试验结果如表 6.2 所示。

表 6.2 试验数据与试验结果

试验编号	直径/μm	深度/μm	间距/μm	与切削刃距离/μm	表面粗糙度平均值/μm
1	30	40	125	90	0.7339
2	30	50	150	100	0.77
3	30	60	175	110	0.6373
4	30	70	200	120	0.5397
5	40	40	150	110	0.5955
6	40	50	125	120	0.6406
7	40	60	200	90	0.5569
8	40	70	175	100	0.6306
9	50	40	175	120	0.7305
10	50	50	200	110	0.5695
11	50	60	125	100	0.579
12	50	70	150	90	0.56
13	60	40	200	100	0.4461
14	60	50	175	90	0.5186
15	60	60	150	120	0.5606
16	60	70	125	110	0.4906

根据正交表中的试验结果，采用简单易懂、实用性较强的极差分析法对数据进行处理分析[9]。极差分析表如表 6.3 所示。表中，f_i(i=1, 2, 3, 4)代表微坑直径、深度、间距以及与切削刃距离四种因素的影响；K_i(i=1, 2, 3, 4)代表第 j (j=1, 2, 3, 4)个水平对第 i 个影响因素试验数据之和[10]；k_i(i=1, 2, 3, 4)代表对应试验数据之和的平均值；R 代表各因素的极差值。根据试验结果确定了各因素对表面粗糙度影响的主次顺序与变化规律。

表 6.3 极差分析表

试验参数	f_1	f_2	f_3	f_4
K_1	2.6809	2.506	2.4441	2.3694
K_2	2.4263	2.4987	2.4861	2.4257
K_3	2.439	2.3338	2.517	2.2929
K_4	2.0159	2.2209	2.1122	2.4714

续表

试验参数	f_1	f_2	f_3	f_4
k_1	0.670225	0.6265	0.611025	0.59235
k_2	0.6059	0.624675	0.621525	0.606425
k_3	0.60975	0.58345	0.62925	0.573225
k_4	0.503975	0.555225	0.52805	0.61785
R	0.16625	0.071275	0.1012	0.044625

通过极差法分析得到了四种因素极差值的大小，微坑织构参数对表面粗糙度影响大小的主次顺序为：直径＞间距＞深度＞与切削刃距离，即微坑直径对钛合金表面粗糙度的影响最大，与切削刃距离对表面粗糙度影响最小。因此，微织构球头铣刀铣削钛合金时应优先考虑微坑直径，以减少对钛合金表面粗糙度的影响。

6.2.3 微织构刀具切削表面粗糙度影响规律

1. 微织构参数对表面粗糙度的影响规律

微织构球头铣刀铣削钛合金时，微织构的置入可以减少刀-屑实际接触面积，从而减小刀-屑接触面之间的摩擦力，降低切削力和切削温度，使切削区金属表面塑性变形程度减小，从而减小已加工表面粗糙度。无织构刀具在近切削刃（内摩擦区）处由于压力和温度均相对较高，故黏结严重，在切屑流出边缘处黏结物也较多。因此，相对于无织构刀具，表面微织构的置入有效地减少了黏结现象。而微织构刀具在近切削刃区域仅微坑内部被黏结物所覆盖，但微坑外部边缘附近黏结较少，原因是在金属切削加工时，微织构的置入在一定程度上改变了切屑流动方向，使已加工表面黏结现象相对较轻。因此，微织构对表面粗糙度影响较为显著。图 6.2 为微坑织构参数与表面粗糙度的关系曲线。

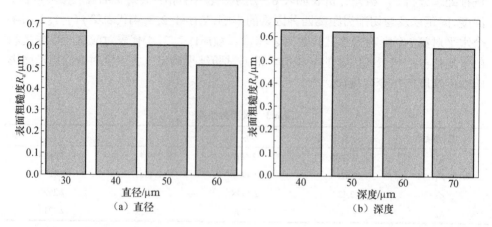

(a) 直径　　(b) 深度

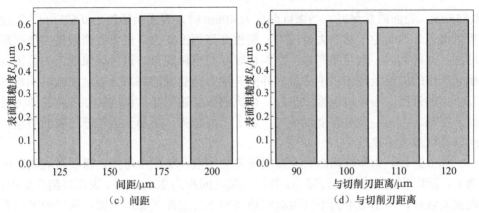

图 6.2 微织构参数与表面粗糙度的关系

图 6.2（a）为微坑直径对表面粗糙度的影响，由图可以看出，随着微坑直径增大，表面粗糙度呈现减小的趋势，当微坑直径为 60μm 时，表面粗糙度为 0.504μm，表面质量最好。这是因为在切削过程中，微坑织构具有捕获细小切屑、磨粒等杂质的作用，并且随着直径的增加，储存杂质的能力增强。图 6.3 为微坑直径为 60μm 的 SEM 照片，随着直径的增大，微坑边缘与切屑流动方向呈现出 0°～90°的夹角，较大的切屑流经微坑时，在压力的作用下挤入微坑。切屑在坑内侧流动时被微坑边缘进行了二次"切削"，并且微坑直径越大，二次"切削"现象越明显。

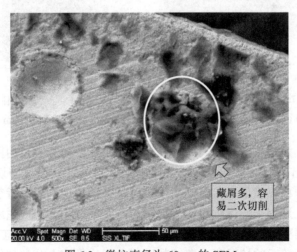

图 6.3 微坑直径为 60μm 的 SEM

图 6.2（b）为微坑深度对表面粗糙度的影响，从图中可知，随着微坑深度的不断增加，表面粗糙度呈现减小的趋势，当微坑深度为 70μm 时，表面粗糙度为

0.555μm，表面质量最好。当微坑深度为40μm时，表面粗糙度为0.627μm，表面质量最差。这是由于切削力值较大，塑性变形程度变大，进而表面粗糙度值有所增加。与此同时，利用激光加工微织构时存在重铸现象，这种现象的产生是因为激光产生的能量呈现出以中心最大并向其他方向衰减的高斯分布，使微坑织构具有一定的锥度。当微坑深度过小时，微坑的锥度越明显，微坑储存杂质的能力受到了限制。可见，微坑深度过小时，加工工况恶劣，不易获得较好的表面质量，所以微坑深度不宜过小。

图6.2（c）为微坑间距对表面粗糙度的影响，从图中可知，随着微坑间距的增大，表面粗糙度先增加再减小。并且当微坑间距为200μm时，表面粗糙度最小，表面质量最好。图6.4为不同微坑织构间距下的工件表面形貌图，从图中可以看出利用微织构刀具加工的工件表面质量较好。图6.4（b）为间距200μm时的工件表面质量，可以看出，表面平整没有明显的突起和凹陷现象。图6.4（a）为间距175μm时的工件表面质量，从图中可以看出突起和凹陷现象明显，这是因为刀具前刀面黏结比较严重，使工件表面黏结严重，直接导致表面粗糙度增加，表面质量变差。因此，为获得较好的表面质量，微坑间距不宜过小。

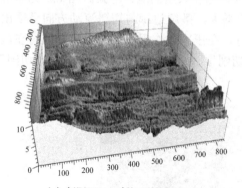 

（a）间距175μm时的工件表面形貌　　　　（b）间距200μm时的工件表面形貌

图6.4　不同微坑织构间距下的工件表面形貌图（单位：μm）

图6.2（d）为微坑与切削刃的距离对表面粗糙度的影响，由图可以看出，表面粗糙度呈现出先增加再减小最后呈现出上升趋势，当微坑与切削刃的距离为110μm时，表面粗糙度最小。这是由于织构位置距离切削刃较近容易破坏刀具强度，并且在加工过程中，微坑织构与切削刃的距离过小，会产生应力集中现象，使刀具发生微崩刃留下硬质点，硬质点会在刀具切削过程中对加工表面产生犁耕。而在距离切削刃较远的情况下，在切削过程中织构没有充分起到作用。因此，当微坑与切削刃的距离为110μm时，对表面质量的效果最适宜。

2. 切削行程对表面粗糙度的影响规律

切削行程对表面粗糙度的影响规律如图 6.5 所示，即随着切削行程的增加，工件表面粗糙度也随之增加。无织构刀具在铣削初期及结尾阶段表面粗糙度值相对较高，在铣削中期阶段，表面粗糙度相接近并无明显差距。由于铣削初期切削行程较短属于初期磨损阶段，因织构的置入，能够减小刀-屑摩擦系数，改善刀-屑接触情况，铣削工况相对稳定，工件表面粗糙度较小，当切削行程达到 20531mm 时，无织构刀具加工表面粗糙度值剧烈增加，此时，无织构刀具已经达到剧烈磨损阶段，改变了刀具后刀面的形貌与切削刃的锋利性，前后刀面与工件的摩擦状况也有所改变，加工工况恶劣，这都使表面粗糙度迅速增大，而织构刀具仍处于正常磨损阶段，表面粗糙度值并未出现显著变化。

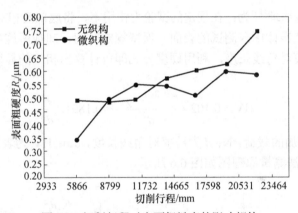

图 6.5 切削行程对表面粗糙度的影响规律

6.3 微织构刀具切削钛合金表面加工硬化测试

加工硬化是机械加工中非常普遍的一种现象，加工硬化的产生对精简的使用寿命和机械性能都具有一定的影响，加工硬化的程度与切削工况及材料性能息息相关[11]。本节通过微织构球头铣刀铣削钛合金表面完整性试验，对钛合金表面加工硬化及表面显微硬度进行检测与观察，分析了不同微坑织构参数对表面加工硬化的影响规律。

6.3.1 加工硬化评价标准及测试方法

1. 加工硬化评价标准

机械加工过程中，工件表层金属在切削力的作用下产生强烈的塑性变形，金属的晶格扭曲,晶粒被拉长、纤维化甚至破碎而引起表层金属的强度和硬度增加,塑性降低,这种现象称为冷作硬化[12]。另外,加工过程中产生的切削热会使得工件表层金属温度升高,当升高到一定程度时,会使得已强化的金属回复到正常状态,失去其在加工硬化中得到的物理力学性能,这种现象称为软化。因此,金属的加工硬化实际取决于硬化速度和软化速度的比率[13]。评定加工硬化的指标有表面层的显微硬度HV、硬化层深度 h 和硬化程度 N 三项,且

$$N = \frac{HV - HV_0}{HV_0} \times 100\% \tag{6.1}$$

式中,HV_0 为金属原来的显微硬度。

2. 加工硬化测试方法

硬度计测量原理[14]为:在规定的试验力作用下,将底部两相对面夹角为136°的金刚石正四棱锥体压入测试的表面,保持规定时间,卸载所施加的试验力,测量试样表面压痕对角线长度,利用硬度公式即可计算出相应的显微硬度值:

$$HV = 0.102 \times \frac{2F \sin\frac{136°}{2}}{d^2} \approx 0.1891 \times \frac{F}{d^2} \tag{6.2}$$

式中,F 为所施加的载荷,N;d 为压痕对角线长度,μm;HV 为表层显微硬度(维氏硬度)。压痕法测量原理图如图 6.6 所示。

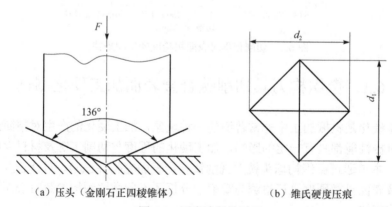

(a) 压头(金刚石正四棱锥体)   (b) 维氏硬度压痕

图 6.6 压痕法测量原理

测试显微硬度时采用的方法为断面法[15]。由于切削后工件尺寸过大,为了测试的需要,沿着垂直于已加工工件表面并平行于进给方向进行方向切割成 10mm×10mm×7mm 的试样,线切割后的试样如图 6.7(a)所示。在切割后的断面进行显微硬度的测试,可分析不同微坑织构参数对表面加工硬化的影响规律。将线切

割过后的试样进行打磨与抛光,直至呈镜面状态,打磨及抛光后的试样如图 6.7(b)所示。采用 HXD-1000 型显微硬度检测仪进行显微硬度的检测,本次试验测得的材料基体硬度一般在 250≤HV≤265 范围变化[16]。

(a)线切割后试样　　　　　　(b)打磨及抛光后试样

图 6.7　钛合金试样

6.3.2　切削表面加工硬化测试结果

通过微织构球头铣刀铣削钛合金的正交试验得到了表面加工硬化的显微硬度,测量参数与试验结果如表 6.4 所示。

表 6.4　测量参数与试验结果

试验编号	直径/μm	深度/μm	间距/μm	与切削刃距离/μm	表面显微硬度(HV)
1	30	40	125	90	484.8
2	30	50	150	100	392.11
3	30	60	175	110	406.92
4	30	70	200	120	316.13
5	40	40	150	110	397.73
6	40	50	125	120	375.32
7	40	60	200	90	411.91
8	40	70	175	100	386.66
9	50	40	175	120	349.88
10	50	50	200	110	363.41
11	50	60	125	100	367.26
12	50	70	150	90	367.17
13	60	40	200	100	380.13
14	60	50	175	90	316.13
15	60	60	150	120	315.35
16	60	70	125	110	330.93

对微织构球头铣刀铣削钛合金表面加工硬化试验结果进行极差分析,极差分

析结果如表 6.5 所示。从表中可以得到微织构参数影响钛合金的表面加工硬化的主次顺序为：直径＞与切削刃距离＞深度＞间距，即微坑直径对钛合金表面加工硬化程度的影响最大，微坑间距对表面加工硬化程度影响最小。

表 6.5 表面加工硬化程度极差分析表

试验参数	f_1	f_2	f_3	f_4
K_1	1599.96	1612.54	1558.31	1580.06
K_2	1571.62	1446.97	1472.36	1526.16
K_3	1447.72	1501.44	1459.59	1498.99
K_4	1342.54	1400.89	1471.58	1356.68
k_1	399.99	403.135	389.5775	395.015
k_2	392.905	361.7425	368.09	381.54
k_3	361.93	375.36	364.8975	374.7475
k_4	335.635	350.2225	367.895	339.17
R	64.355	52.9125	24.68	55.845

6.3.3 微织构刀具切削表面加工硬化影响规律

1. 微织构参数对表面加工硬化的影响规律

微织构球头铣刀铣削钛合金时，微织构的置入可以减少刀-屑实际接触面积，从而减小刀-屑接触面之间的摩擦力，降低切削力和切削温度[17]，使切削区金属表面塑性变形程度减小，进而降低已加工表面加工硬化程度。图 6.8 为微织构球头铣刀表面微织构参数对钛合金已加工表面加工硬化程度的影响规律。

微坑直径对显微硬度的影响如图 6.8（a）所示，当直径为 30μm 情况下表层加工硬化现象较为严重，其他三组参数之间依次递减。由于钛合金材料导热系数较小，传热性能差，而微织构直径不同时，刀-屑接触长度有所改变。因此，当切屑断裂脱离工件时，除被切屑带走的切削热外，表面聚集的切削热来不及传导，造成表面温度的升高，使表面层材料的加工硬化程度减弱，会降低加工过程中的表面硬化现象，这是造成此种现象的主要原因。当微坑直径在 30~60μm 变化范围内时，硬化程度范围为 126%~150%。

微坑深度对显微硬度的影响规律如图 6.8（b）所示，随微坑深度的增加，加工硬化程度呈先减小再增大最后减小的趋势，当微坑深度为 70μm 时，显微硬度值最低，微坑深度为 40μm 时表面硬化程度最大，由于切削力值较大，塑性变形程度增加，进而表层硬化程度有所增加。当微坑深度为 40μm 时，切削力、表面粗糙度值及加工硬化程度均为最大，微坑深度过小，加工工况恶劣，不易获得较好表面质量，所以微坑深度不宜过小。

图 6.8（c）为微坑间距对显微硬度的影响。当微坑间距为 125μm 时，加工硬

化程度最大，其余三组微坑间距的加工硬化程度并无较大差距。当微坑间距为125μm、150μm、175μm、200μm 时硬化程度分别为 147%、138%、136%、138%。可知，微坑间距超过 125μm 时，可降低表面加工硬化程度。

图 6.8（d）为微坑与切削刃的距离对显微硬度的影响。随着微坑与切削刃的距离不断增加，表面加工硬化程度呈现出依次减小的趋势，当微坑距切削刃 90μm 时，表面硬化程度最大。当微坑距切削刃 120μm 时，表面硬化程度最小。由于微织构距切削刃较近时，刀具强度有所降低，刀具磨损加剧，切削力过大，表面塑性变形程度增大。当微坑距切削刃在 90～120μm 范围内变化时，硬化程度范围为 126%～149%。

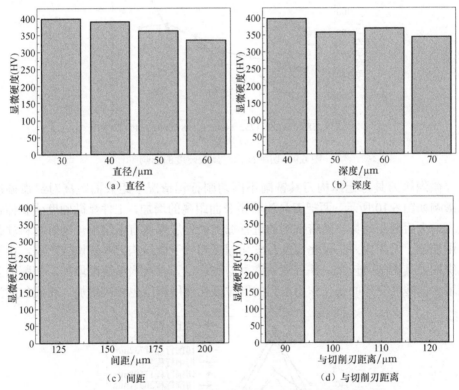

图 6.8 微织构参数对已加工表面加工硬度程度的影响规律

2. 切削行程对表面加工硬化的影响规律

图 6.9 为微织构刀具与无织构刀具铣削不同切削行程对显微硬度的影响，随着切削行程的增加，两把刀具已加工表面硬化程度均有一定程度的增加。由于随着铣削的进行，刀具磨损量逐渐增加，切削力增大，工件塑性变形及弹性变形作用增强，切削力增加伴随着铣削温度的升高，钛合金化学活性极高，易与空气中

的氧元素发生反应，使表面氧化程度加剧，导致表面加工硬化程度增加。钛合金化学性质活泼，其氧化程度决定了工件的加工硬化程度。在铣削初期，两把刀具下工件表面加工硬化程度差距不显著，当切削行程达到 23464mm 时，无织构刀具显微硬度值明显增加，由于无织构刀具达到剧烈磨损阶段，前刀面与切屑、后刀面与已加工表面摩擦剧烈，切削力急剧增加，同时工件塑性变形及弹性变形程度明显增加，工件硬化程度加剧。无织构刀具情况下铣削温度高，此时更易与空气中的氧元素发生化学反应，形成脆而硬的外皮，使工件显微硬度值进一步提高。

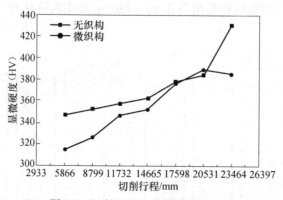

图 6.9 切削行程对显微硬度的影响

微织构刀具与无织构刀具铣削不同切削行程情况下距表面距离对显微硬度的影响如图 6.10 所示。两把刀具随着距表面距离的增加，工件显微硬度值整体仍呈先增大后减小趋势。随着铣削的进行加工硬化层深度有所增加，同时材料软化作用加强。无织构刀具硬化程度及软化程度相较于微织构刀具都比较严重，由于无织构刀具切削力较大，并且随着铣削的进行，刀具磨损量逐渐增加，切削力急剧增大，塑性变形的强化作用增强的同时硬化作用深度也相应增加，使硬化层深

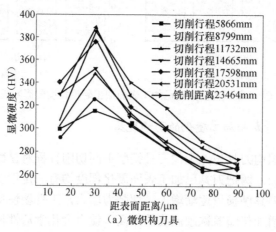

(a) 微织构刀具

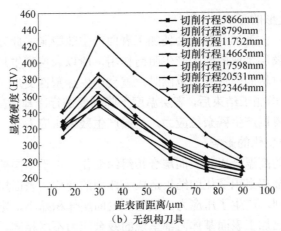

图 6.10 距表面距离对显微硬度的影响

度增加。另外，微织构的置入能够增加刀具前刀面的热传导面积，加快热量传递，使热量能够更快地向外散失，所以相对于微织构刀具无织构刀具铣削时切削热不易传出，材料软化作用增强。

6.4 微织构刀具切削钛合金表面残余应力测试

在切削加工后，残余应力对工件的使用性能有很大的影响，一定程度的残余应力可以对工件起到强化作用，而过大的残余应力则可能导致工件变形，严重时还可能发生宏观尺寸的变化[18]。因此，研究工件的残余应力对于工业生产具有十分重要的意义。本节通过微织构球头铣刀铣削钛合金表面完整性试验，对钛合金进给方向以及铣削方向的表面残余应力进行了检测与观察，并且分析了不同微坑织构参数对表面残余应力的影响规律。

6.4.1 切削表面残余应力产生的原因

切削及磨削过程中加工表面层相对基体材料发生形状、体积变化或金相组织变化时，工件表面层及其与基体材料的交界处产生相互平衡的应力，称为残余应力[19]。产生残余应力的主要原因主要有以下三个方面：

1）冷塑性变形的影响

在切削力作用下，已加工表面产生强烈的塑性变形，表面层金属体积发生变化，此时基体金属受到影响而处于弹性变形状态，当切削力去除后基体金属趋向复原，但受到已产生塑性变形的表面层的限制，回复不到原状，因而在表面层产生残余拉应力，基体则产生残余拉应力与之相平衡。

2）热塑性变形的影响

切削加工时，大量的切削热会使加工表面产生热膨胀，此时由于基体金属的温度较低，会对表层金属的膨胀产生阻碍作用，所以表层产生热态压应力。当表面层的温度超过材料的弹性变形范围时，就会产生热塑性变形（在压应力作用下材料相对缩短）。当加工结束后，表层温度下降到要进行冷却缩减，但受到基体金属阻止，从而在表层产生残余拉应力，里层产生残余压应力。

3）金相组织变化的影响

切削时产生的高温会引起表面层金相组织变化。由于不同的金相组织有不同的密度，表面层金相组织变化的结果造成了体积的变化。表面层体积膨胀时，因为受到基体的限制，产生了压应力；反之，表面层体积缩小，则产生拉应力。

各种工况下已加工表面基体内部呈现的残余应力不尽相同，这是上述因素共同作用的结果，最终存在的是拉应力还是压应力，要取决于何种作用占优势[20]。因此，高度切削加工工件的残余应力要根据具体加工条件具体分析。

6.4.2 切削表面残余应力测试结果

1. 残余应力测试方法

残余应力测试的方法采用 X 射线应力测试原理，其基本原理是一定应力状态引起材料的晶格应变和宏观应变一致[21]。利用 X 射线衍射技术和布拉格方程可以求出晶格应变，由此推知宏观应变，进而根据弹性力学得到宏观应力[22]。根据 X 射线衍射应力分析 $\sin^2\psi$ 法，可得应力计算方程为

$$\sigma = KM \tag{6.3}$$

$$K = -\frac{1}{2}\left(\frac{\pi}{180}\right)\left(\frac{E}{1+\gamma}\right)\cot\theta_0 \tag{6.4}$$

$$M = \frac{\partial^2 \theta_{\varphi,\psi}}{\partial \sin^2\psi} \tag{6.5}$$

式中，K 为 X 射线应力常数；θ_0 为无应力状态时的布拉格角；E 为弹性模量；γ 为泊松比；$2\theta_{\varphi,\psi}$ 为 X 射线衍射角；ψ 为衍射晶面法线和材料表面法线之间的夹角；M 为不同 ψ 方向对应的衍射角与 $\sin^2\psi$ 直线关系的斜率。在实际测量中，应力常数 K 需要根据选择的衍射晶面所对应的无应力布拉格角 θ_0、弹性模量 E 和泊松比确定。M 值可由最小二乘法得到，计算公式如下：

$$M = \frac{n\bar{X}\bar{Y} - \sum_{i=1}^{n} x_i y_i}{n\bar{X}^2 - \sum_{i=1}^{n} x_i^2} \tag{6.6}$$

式中，n 为选用 ψ 角的数量（$n \geq 4$）；$x_i = \sin^2\psi_i$；$y_i = 2\theta_{\varphi\psi_i}$；$\overline{X} = \dfrac{1}{n}\sum\limits_{i=1}^{n}\sin^2\psi_i$；$\overline{Y} = \dfrac{1}{n}\sum\limits_{i=1}^{n}2\theta_{\varphi\psi_i}$。理论上 2θ 与 $\sin2\psi$ 呈直线关系，由于测试数据具有一定的离散性，与由它们拟合而成的直线之间总会存在或大或小的偏差[23]。因此，用应力误差 $\Delta\sigma$ 表示拟合残差的大小，可由式（6.7）和式（6.8）计算得到，即

$$\Delta\sigma = K\Delta M \tag{6.7}$$

$$\Delta M = t(\alpha, n-2)\sqrt{\dfrac{\sum\limits_{i=1}^{n}[y_i - (A + Mx_i)]}{(n-2)\sum\limits_{i=1}^{n}(x_i - \overline{X}^2)}} \tag{6.8}$$

式中，A 为拟合直线 $2\theta\text{-}\sin^2\psi$ 的截距；$t(\alpha, n-2)$ 表示自由度为 $(n-2)$ 和可信度为 $(1-\alpha)$ 的 t 分布值。

2. 残余应力测量

1）测量参数

X 射线衍射应力测试在 XSTRESS3000 上进行，使用 Ti-Ka 靶，基本测试参数为：电压 30kV，电流 6.7mA，曝光时间 10s，准直器直径 4mm，衍射晶面 {1, 1, 0}，弹性模量 110GPa，泊松比 0.41，无应力衍射角 141.4°，ψ 角选用 0°、±18.7°、±27°、±33.8°、±39.9°，摇摆角为±5°，φ 旋转角为 0°和 90°，摇摆角为±30°。采用较大准直器直径、ψ 摇摆和 φ 摇摆方法，可以增加参与衍射的晶粒数目，从而提高衍射晶面在空间的取向概率，获得满意的峰形。

2）校准

正式测量之前，先利用无应力钛粉试样进行校准，确定准直器至试样测量表面的合适距离。采用直径 4mm 准直器校准，得到该距离值为 14.76mm。

3）峰拟合定峰方法

X 射线衍射应力测量方法的关键之一是需要准确确定衍射峰的位置。常见的定峰方法有半高宽法、抛物线法、重心法和互相关法等。对于衍射峰出现双峰或不规则峰的情况，再凭常规的定峰方法很难取得理想的效果。本节采用一种峰拟合方法，能很好地确定峰的位置。其基本原理是：对于两峰或多峰情况，选择高斯函数分别进行拟合，调整函数参数，使其拟合度达到最佳（拟合度判断系数为方差 R_2，R_2 越接近于 1，拟合度越好），然后根据理论分析选择正确的峰形，从而确定峰的位置，再根据 2θ 与 $\sin^2\psi$ 的线性关系，计算出应力值。

4）应力测量

加工后的试样表面需用丙酮清洗干净，放置于工作台，使其沿铣削加工进给

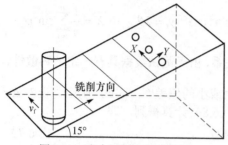

图6.11 应力测量方向示意图

方向与应力测试仪 $\varphi=0°$ 方向平行。残余应力采用 X 射线衍射仪进行测量，图 6.11 为应力测量方向示意图。对于每个铣削水平沿铣削路径平均选取三个测试点，按校准后的测试参数分别测量出进给方向和铣削方向的残余应力。取各次测量的应力值的平均值作为该水平引起的残余应力。表面残余应力结果如表 6.6 所示。

表6.6 表面残余应力结果

试验编号	直径/μm	深度/μm	间距/μm	与切削刃距离/μm	σ_x平均值/MPa	σ_y平均值/MPa
1	30	40	125	90	−183.6	−297.867
2	30	50	150	100	−190.4	−326.433
3	30	60	175	110	−195.467	−324.267
4	30	70	200	120	−209	−343.233
5	40	40	150	110	−199.133	−313.833
6	40	50	125	120	−190.933	−337.267
7	40	60	200	90	−185.767	−303.9
8	40	70	175	100	−180.767	−299.667
9	50	40	175	120	−192.467	−286.533
10	50	50	200	110	−203.233	−315.6
11	50	60	125	100	−191.6	−309.1
12	50	70	150	90	−187.2	−287.3
13	60	40	200	100	−198.267	−307.233
14	60	50	175	90	−188.6	−290.2
15	60	60	150	120	−193.567	−292.9
16	60	70	125	110	−184.6	−299.2

为了研究微织构参数，包括微坑直径、深度、间距以及与切削刃的距离对表面残余应力的影响，采用正交试验，通过极差分析方法得到微织构参数对表面残余应力的影响规律。X方向残余应力极差分析如表 6.7 所示。

表6.7 X方向残余应力极差分析表

试验参数	f_1	f_2	f_3	f_4
K_1	−778.467	−773.467	−750.733	−785.967
K_2	−756.6	−773.166	−770.3	−782.433
K_3	−774.5	−766.401	−757.301	−745.167

续表

试验参数	f_1	f_2	f_3	f_4
K_4	−766.034	−761.567	−796.267	−761.034
k_1	−194.61675	−193.36675	−187.68325	−196.49175
k_2	−189.15	−193.2915	−192.575	−195.60825
k_3	−193.625	−191.60025	−189.32525	−186.29175
k_4	−191.5085	−190.39175	−199.06675	−190.2585
R	5.46675	2.975	11.3835	10.2

通过极差法分析得到了四种因素极差值的大小，微坑织构参数对 X 方向表面残余应力影响大小的主次顺序为：间距＞与切削刃距离＞直径＞深度，即微坑间距对钛合金 X 方向表面残余应力的影响最大，深度对 X 方向表面残余应力影响最小。因此，当以 X 方向表面残余应力为评价标准时，微织构球头铣刀铣削钛合金时应优先考虑微坑间距，以减少对钛合金 X 方向表面残余应力的影响。

Y 方向残余应力极差分析如表 6.8 所示。

表 6.8 Y 方向残余应力极差分析表

试验参数	f_1	f_2	f_3	f_4
K_1	−1291.8	−1205.466	−1243.434	−1179.267
K_2	−1254.667	−1269.5	−1220.466	−1242.433
K_3	−1198.533	−1230.167	−1200.667	−1252.9
K_4	−1189.533	−1229.4	−1269.966	−1259.933
k_1	−322.95	−301.3665	−310.8585	−294.81675
k_2	−313.66675	−317.375	−305.1165	−310.60825
k_3	−299.63325	−307.54175	−300.16675	−313.225
k_4	−297.38325	−307.35	−317.4915	−314.98325
R	25.56675	16.0085	17.32475	20.1665

通过极差法分析得到了四种因素极差值的大小，微坑织构参数对 Y 方向表面残余应力影响大小的主次顺序为：直径＞与切削刃距离＞间距＞深度，即微坑直径对钛合金 Y 方向表面残余应力的影响最大，深度对 Y 方向表面残余应力影响最小。因此，当以 Y 方向表面残余应力为评价标准时，微织构球头铣刀铣削钛合金时应优先考虑微坑直径，以减少对钛合金 Y 方向表面残余应力的影响。

6.4.3 微织构刀具切削表面残余应力影响规律

1. 微织构参数对表面残余应力的影响规律

在切削加工中，残余应力的产生与切削力、热载荷和材料内部微观结构等因素有很大关系。已加工表面应力状态随材料性能和切削条件的不同而有所差异，可表现为拉应力或压应力[24]。切削力使工件表面层产生不均匀塑性变形，具体表现为两方面，一方面是刀具接触点前方区域的"塑性凸出"效应，另一方面是刀具后刀面对工件表面的"挤光效应"[25]。前者使已加工表面产生残余拉应力，而后者则使已加工表面产生残余压应力。在铣削加工过程中，由于钛合金导热系数低，前刀面与切屑产生的温度不易传出，从而产生的切削力与切削温度较大，表面塑性变形程度较大。因此，已加工表面产生了残余拉应力。微织构参数对表面残余应力的影响规律如图 6.12 所示。

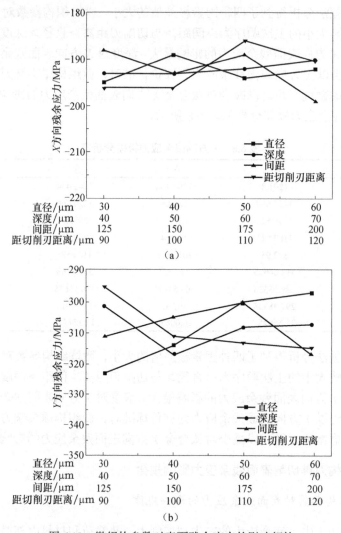

图 6.12 微织构参数对表面残余应力的影响规律

微织构球头铣刀铣削钛合金时，微织构的置入可以减少刀-屑实际接触面积，从而减小刀-屑接触面之间的摩擦力，降低切削力和切削温度，使切削区金属表面塑性变形程度减小，进而减小已加工表面残余应力值。在微织构球头铣刀铣削钛合金加工过程中，工件表面产生的残余应力均为拉应力，总体为$-320\sim-185$MPa，并且铣削方向的应力明显大于进给方向。已加工表面沿着进给方向残余应力大小为$-200\sim-185$MPa，已加工表面沿着铣削方向残余应力大小为$-320\sim-295$MPa。

随着微坑直径的增加，铣削方向应力绝对值呈减小趋势，因为钛合金属于黏性材料，随着刀具前刀面产生的切削热不断积累，切削温度影响的效果更为显著，热塑性变形效应比机械效应产生的塑性变形效应更明显，但铣削方向的切削力不断增加，切削热产生的残余拉应力被机械应力产生的残余压应力抵消一部分。因此，残余拉应力的绝对值逐渐减小。由于切削温度的增加，由热塑性效应引起的残余拉应力的绝对值增大，而进给方向的切削力不断增加，两者综合效应，致使进给方向应力绝对值减少。随着切削时间的变化，切削温度增加剧烈其后随着切削行程即将结束，切削温度增加的比较缓慢，因此进给方向应力的绝对值开始增大又逐渐减小。

随着微坑深度的增加，铣削方向出现了拐点，应力绝对值呈现出先增加后减小的下降趋势，当微坑深度由40μm变化到50μm时，铣削方向切削力呈现出减小的趋势，而随着微坑深度由50μm变化到70μm时，铣削方向切削力又开始缓慢增加，在此过程中切削温度引起的热塑性效应仍占主导地位，因此铣削方向应力绝对值呈现出先增加后减小的趋势。而在进给方向，加工工件表面的残余应力并没有明显变化，可见微坑深度对进给方向的表面残余应力的影响并不是很明显。

由于刀-屑接触面积减小，散热面积减小，产生的切削温度过大而不易散热，而在铣削方向上的切削力先增大后减小，进给方向上切削力呈现出先减小再增加最后呈下降趋势，热塑性效应引起的残余拉应力大于机械效应产生的压应力，两者的综合效应使铣削方向表面残余应力绝对值先减小后增加。在进给方向上，表面残余应力绝对值先增加再减小，最后增大。

随着与切削刃距离的不断增加，铣削方向的表面残余应力绝对值呈现出增大的趋势，当距切削刃120μm时，表面残余应力最大。这是因为与切削刃较远的情况下，在切削过程中织构没有起到充分作用，切削温度不断增加依旧占据主导地位，因此铣削方向的表面残余应力绝对值不断增大。而在进给方向，表面残余应力呈现先减小再增加的趋势，当距切削刃110μm时，表面残余应力最小。这是因为织构位置距切削刃较近容易破坏刀具强度，并且在加工过程中，微坑织构与切削刃的距离过小，会产生应力集中现象。

2. 切削行程对表面残余应力的影响规律

微织构刀具与无织构刀具铣削不同切削行程对表面残余应力的影响规律如图 6.13 所示，随着切削行程的增加，两把刀具在进给方向以及铣削方向上的表面残余应力均有一定程度的增加。因为随着铣削的进行，刀具磨损量逐渐增加，导致切削力增大，工件塑性变形及弹性变形作用增强，切削力增加伴随着铣削温度的升高，由于钛合金材料的导热性能比较差，工件外表面易发生冷却而工件内部温度得不到及时扩散，随着切削行程的增加已加工表面温度逐渐升高，表层的温度得不到快速扩散，从而使得表面残余应力有所增加。随着铣削行程的不断增加，当切削行程达到 23464mm 时，由于无织构刀具达到剧烈磨损阶段，前刀面与切屑、后刀面与已加工表面摩擦剧烈，切削力急剧增加，切削温度升高，同时工件塑性变形及弹性变形程度明显增加，使工件表面残余应力加剧，从而导致无织构刀具在进给方向以及铣削力方向上的残余应力值明显增加。而微织构刀具并未达

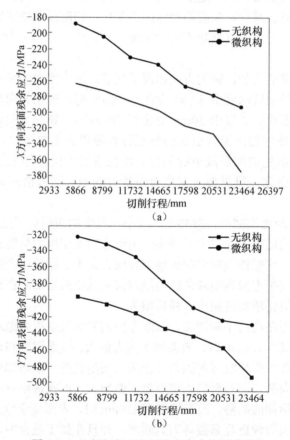

图 6.13 切削行程对表面残余应力的影响规律

到剧烈磨损阶段，随着铣削行程的不断增加，微织构刀具在进给方向以及铣削方向上的残余应力值并未发生明显变化。

6.5 已加工表面变质层分析

观察表面为平行与进给方向的横断面，采用 2% HF 与 4% HNO_3 的水溶液试样浸蚀，腐蚀时间为 20s，然后用酒精清洗，干燥后采用扫描电子显微镜拍摄钛合金的金相显微组织照片[26]。

6.5.1 已加工表面变质层显微组织分析

金属材料切削加工会对工件的显微结构产生一定程度的变化，切削力和刀具侧面摩擦会使加工表面发生严重的塑性变形。图 6.14 和图 6.15 分别为无织构刀具与微织构刀具铣削 11732mm 及 23464mm 时工件显微组织 SEM 图，表面显示的为微织构刀具在切削过程中对工件表层材料显微组织的影响。其中，灰色部分为析出的β相，黑色部分为腐蚀掉的α相。在工件的次表面会产生微小的塑性变形，

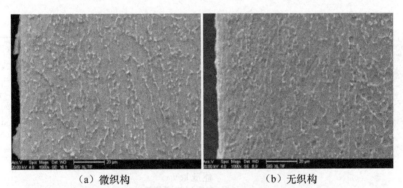

(a) 微织构　　　　　　　　(b) 无织构

图 6.14　切削行程为 11732mm 时工件显微组织 SEM

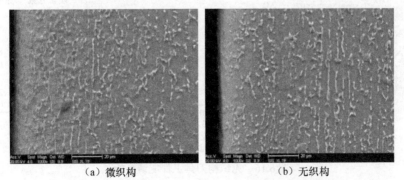

(a) 微织构　　　　　　　　(b) 无织构

图 6.15　切削行程为 23464mm 时工件显微组织 SEM

当切削行程为 23464mm 时，由于刀具的磨损量增加导致材料微观结构的改变，表现为加工表面严重塑性变形，变质层厚度有所增加，所以刀具磨损度为影响已加工工件次表面塑性变形的主要因素之一。

6.5.2 已加工表面变质层能谱分析

图 6.16 和图 6.17 分别为切削行程为 23464mm 时无织构刀具与微织构刀具工件能谱分析。两种刀具变质层中 O 元素及 C 元素含量均有不同程度的提高，Ti 元素、Al 元素及 V 元素等基体元素均有不同程度的下降。无织构刀具铣削工件基体中 O 元素含量为 2.23%，C 元素含量为 2.06%，变质层中 O 元素含量升高至 16.17%，C 元素含量升高至 4.97%，而微织构刀具铣削工件基体中 O 元素含量为 3.61%，C 元素含量为 2.31%，变质层中 O 元素含量为 6.97%，C 元素含为 4.95%。无织构刀具相对于微织构刀具变质层中氧元素含量有极大提高，碳元素含量并无差距。钛合金化学活性高，当温度较高时易与空气中的氧元素、氮元素及水蒸气发生反应，钛合金表层硬化程度主要取决于其氧化程度，无织构刀具氧化程度明显，进一步说明织构的置入能够有效减小钛合金表面氧化程度及降低表面硬化程度。

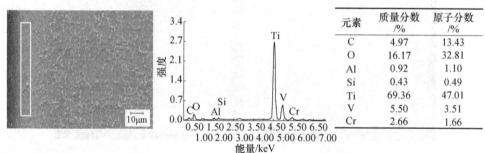

(a) 变质层能谱分析

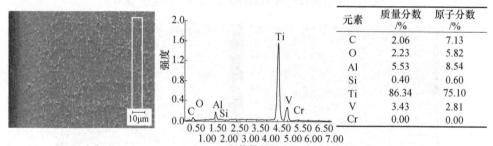

(b) 基体能谱分析

图 6.16 无织构刀具工件能谱分析

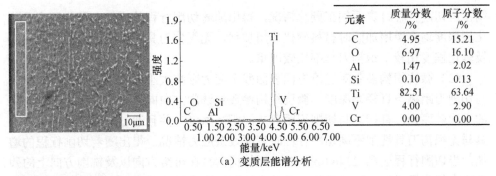

(a) 变质层能谱分析

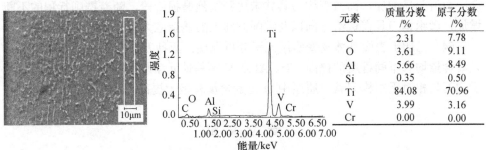

(b) 基体能谱分析

图 6.17 微织构刀具工件能谱分析

6.6 本章小结

本章通过对微织构球头铣刀进行的钛合金铣削试验，获得了已加工表面粗糙度、表面加工硬化、表面残余应力以及表面变质层的相关数据；分析了微坑织构参数以及切削行程对相关数据的影响规律，得到以下结论：

（1）微坑织构参数对表面粗糙度影响大小的主次顺序为：直径＞间距＞深度＞与切削刃距离。通过微织构球头铣刀表面质量试验研究，球头铣刀前刀面黏结磨损现象较为严重，切削刃处磨损区域较为集中并且伴随着切削刃附近处出现剥落现象。相对于无织构刀具，表面微坑织构的置入有效地减少了黏结现象，得出织构的置入对减小刀具磨损起到较为积极的作用。通过无织构刀具与微织构刀具切削行程不同时表面粗糙度测量结果对比发现，随着切削行程的增加，工件表面粗糙度值总体呈上升规律。切削行程达到 20531mm 时，无织构刀具表面粗糙度值迅速增大，而织构刀具表面粗糙度值并无显著变化。

（2）微织构参数影响钛合金的表面加工硬化的主次顺序为：直径＞与切削刃距离＞深度＞间距，即微坑直径对钛合金表面加工硬化程度的影响最大，微坑间距对表面加工硬化程度影响最小。并且通过对比分析微织构刀具与无织构刀具铣削不同切削行程时表面加工硬化情况，得出随着切削行程的增加，硬化程度及硬化层深度均有所增加同时材料软化作用加强，无织构刀具在铣削后半程硬化程度及软化程度相较于织构刀具都比较严重。

（3）微坑织构参数对进给方向表面残余应力影响大小的主次顺序为：间距＞与切削刃距离＞直径＞深度，微坑织构参数对铣削方向向表面残余应力影响大小的主次顺序为：直径＞与切削刃距离＞间距＞深度，并且通过对比分析微织构刀具与无织构刀具铣削不同切削行程时表面残余应力情况，得出随着切削行程的增加，当切削行程达到23464mm时，无织构刀具在进给方向以及铣削方向上的残余应力值明显增加，而微织构刀具并未达到剧烈磨损阶段，随着铣削行程的不断增加，微织构刀具在进给方向以及铣削方向上的残余应力值并未发生明显变化。

（4）已加工表面基体及变质层元素分析发现：两种刀具变质层中O元素及C元素含量均有不同程度的提高，Ti、Al及V等基体元素均有不同程度的下降。无织构刀具相对于织构刀具变质层中O元素含量有极大提高，C含量并无较差距。

参 考 文 献

[1] Yang S C, Zheng M L, Fan Y H. Chip formation of highly efficient cutting titanium alloy membrane disk. Applied Mechanics and Materials, 2010, 33: 549-554.

[2] Yang S C, Zhang Y H, Wan Q, et al. Study on the tool wear of coated carbide tool in high speed milling titanium alloy. Materials Science Forum, 2014:526-530.

[3] 李洪波, 文杰, 李红涛. 微铣削表面粗糙度实验研究. 武汉理工大学学报, 2010, 32(14): 187-191.

[4] 黄燕华, 董申. 介观尺度心轴的表面粗糙度预测模型建立及参数优化. 机械工程学报, 2011, 47(3): 174-178.

[5] 姚倡锋, 武导侠, 靳淇超, 等. TB6钛合金高速铣削表面粗糙度与表面形貌研究. 航空制造技术, 2012, 21: 90-94.

[6] 姚倡锋, 张定华, 黄新春, 等. TC11钛合金高速铣削的表面粗糙度与表面形貌研究. 机械科学与技术, 2011, 30(9): 1573-1578.

[7] Bordin A, Bruschi S, Ghiotti A. The effect of cutting speed and feed rate on the surface integrity in dry turning of CoCrMo alloy. Procedia Cirp, 2014, 13:219-224.

[8] Chen J C, Huang B. An in-process neural network-based surface roughness prediction (INN-SRP) system using a dynamometer in end milling operations. International Journal of Advanced Manufacturing Technology, 2003, 21(5):339-347.

[9] 武文革, 刘丽娟, 范鹏, 等. 基于响应曲面法的高速铣削Ti6Al4V表面粗糙度的预测模型与优化. 制造技术与机床, 2014, (1):39-43.

[10] 陈涛, 李素燕, 国磊. 硬切削加工表面完整性及预测方法研究. 哈尔滨理工大学学报, 2012, 17(4): 95-99.

[11] Liu C R, Barash M M. The mechanical state of the sublayer of a surface generated by chip-removal process—Part 2: Cutting with a tool with flank wear. Journal of Engineering for Industry, 1976, 98(4):1202.

[12] 张为, 郑敏利, 徐锦辉, 等. 钛合金 Ti6Al4V 车削加工表面硬化实验. 哈尔滨工程大学学报, 2013, (8):1052-1056.

[13] El-Wardany T I, Kishawy H A, Elbestawi M A. Surface integrity of die material in high speed hard machining, part 1: Micrographical analysis. Journal of Manufacturing Science & Engineering, 2000, 122(4):620-631.

[14] 蒋克强. 高速铣削参数对加工表面质量影响的初步研究. 武汉: 华中科技大学硕士学位论文, 2009.

[15] 李德宝. 金属切削中工件表层加工硬化模拟. 工具技术, 2004, 38(4): 14-16.

[16] 孙厚忠. PCD 刀具高速铣削钛合金表面完整性研究. 南京: 南京航空航天大学硕士学位论文, 2012.

[17] 戚宝运. 基于表面微织构刀具的钛合金绿色切削冷却润滑技术研究. 南京: 南京航空航天大学博士学位论文, 2011.

[18] Chen T, Qiu C, Liu X. Study on 3D topography of machined surface in high-speed hard cutting with PCBN tool. International Journal of Advanced Manufacturing Technology, 2016:1-9.

[19] 蒋刚, 谭明华, 王伟明, 等. 残余应力测量方法的研究现状. 机床与液压, 2007, 35(6):213-216.

[20] 辛民, 解丽静, 王西彬, 等. 高速铣削高强高硬钢加工表面残余应力研究. 北京理工大学学报, 2010, 30(1):19-23.

[21] 陈建岭, 李剑峰, 孙杰, 等. 钛合金铣削加工表面残余应力研究. 机械强度, 2010, 32(1):53-57.

[22] 吴红兵, 刘刚, 柯映林, 等. 钛合金的已加工表面残余应力的数值模拟. 浙江大学学报(工学版), 2007, 41(8):1389-1393.

[23] Masmiati N, Sarhan A A D, Hassan M A N, et al. Optimization of cutting conditions for minimum residual stress, cutting force and surface roughness in end milling of S50C medium carbon steel. Measurement, 2016, 86:253-265.

[24] Patyk R, Bohdal Ł, Kułakowska A. Study the possibility of controlling the magnitude and distribution of residual stress in the surface layer of the product after the process double duplex burnishing. Materials Science Forum, 2016, 862:262-269.

[25] Burba M E, Buchanan D J, Caton M J, et al. Microstructure-sensitive model for predicting

surface residual stress relaxation and redistribution in a P/M Nickel-base superalloy. Proceedings of the 13th Intenational Symposium of Superalloys, 2016:619-627.

[26] 白新房, 魏玉鹏, 辛社伟, 等. 热处理对 TC6 钛合金内表层组织及硬度的影响. 金属热处理, 2010, 35(1):106-109.

第 7 章　刀具介观几何特征优化

本章通过多目标优化的方法，建立以微织构参数为设计变量，以刀具前、后刀面磨损、加工表面粗糙度、表面纤维硬度、表面残余应力为目标函数的多目标优化模型，以期优化出合理的微织构参数达到在保证加工质量的基础上降低刀具磨损、延长刀具寿命，并对优化结果进行试验验证，证明优化结果的可靠性。

7.1　刀具介观几何特征优化方法

7.1.1　遗传算法

遗传算法是一类借鉴生物界自然选择和自然遗传机制的随机化搜索算法，最初由美国 J.Holland 教授提出，其主要特点是群体搜索策略和群体中个体之间的信息交换，搜索不依赖梯度信息。它尤其适用于处理传统搜索方法难于解决的复杂和非线性问题。

1. 遗传算法思想

借鉴生物进化论，遗传算法将要解决的问题模拟成一个生物进化的过程，通过复制、交叉、突变等操作产生下一代的解，并逐步淘汰掉适应度函数值低的解，增加适应度函数值高的解[1,2]。这样进化 N 代后就很有可能进化出适应度函数值很高的个体。

2. 标准遗传算法

遗传算法是具有"生产+检测"的迭代过程的搜索方法[3]。它的最基本处理流程如图 7.1 所示。

遗传算法是一种群体型操作，该操作以群体中的所有个体为对象[4]。选择、交叉和变异是遗传算法的三个主要操作算子，它们构成了遗传操作，使遗传算法具有其独特的优势。其主要包含五个基本要素：①参数编码；②初始群体的设定；③适应度函数的设计；④遗传操作设计；⑤控制参数设定。

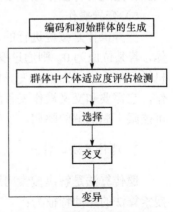

图 7.1　遗传算法的基本流程

1）编码

需要将问题的解编码成字符串的形式才能使用遗传算法。遗传算法不能直接处理空间的解数据，因此必须通过编码将它们表示成遗传空间的基因型结构数据。常用的编码方式有二进制编码与浮点数编码。

2）初始群体的生成

由于遗传算法的群体型操作需要，所以必须为遗传准备一个由若干初始解组成的初始群体。需要说明的是，初始群体的每个个体都是通过随机方法产生的。初始群体也称为进化的初始代，即第一代。

3）适应度评估检测

遗传算法在搜索进化过程中一般不需要其他外部信息，仅用评估函数值来评估个体或解的优劣，并作为以后遗传操作的依据。评估函数值来评估个体或解的优劣，并作为以后遗传操作的依据。评估函数值又称为适应度。

4）选择

选择或复制操作的目的是从当前群体中选出优良的个体，使它们有机会作为父代为下一代繁殖子孙。判断个体优良与否的准则就是各自的适应度值。显然这一操作借用了达尔文适者生存的进化原则，即个体适应度越高，其被选择的机会就越多。选择操作实现方式很多，这里采用和适应度值成比例的概率方法来进行选择的方法。首先计算群体中所有个体适应度的总和（$\sum f$），再计算每个个体的适应度所占的比例（$f_i/\sum f$），并以此作为相应的选择概率（P_S）。比例选择实现算法就是"轮盘赌算法"。

5）交叉操作

简单的交叉可分两步进行：首先，对配对库中的个体进行随机配对；其次，在配对个体中随机设定交叉处，配对个体彼此交换部分信息。需要指出的是，交叉操作是遗传算法中最主要的遗传操作。

6）变异操作

变异操作是按位进行的，即把某一位的内容进行变异。对于二进制编码的个体，若某位原为 0，则通过变异操作就变成了 1，反之依然。变异操作同样也是随机进行的。一般而言，变异概率 P_m 都取得很小。变异操作是十分微妙的遗传操作，它需要和交叉操作妥善配合使用，目的是挖掘群体中个体的多样性，克服有可能限于局部解的弊病。

3. 遗传算法的特点

遗传算法是解决搜索问题的一种通用算法，对于各种通用问题都可以使用[5]。搜索算法的共同特征为：

（1）先组成一组候选解；
（2）依据某些适应性条件测算这些候选解的适应度；
（3）根据适应度保留某些候选解，放弃其他候选解；
（4）对保留的候选解进行某些操作，生成新的候选解。

在遗传算法中，上述几个特征以一种特殊的方式组合在一起：基于染色体群的并行搜索，带有猜测性质的选择操作、交换操作和突变操作[6,7]。这种特殊的组合方式将遗传算法与其他搜索算法区别开来。

遗传算法还具有以下几方面的特点：
（1）遗传算法从问题解的串集开始搜索，而不是从单个解开始。这是遗传算法与传统优化算法极大的区别。传统优化算法是从单个初始值迭代求最优解的，容易误入局部最优解。遗传算法从串集开始搜索，覆盖面大，利于全局择优。
（2）遗传算法同时处理群体中的多个个体，即对搜索空间中的多个解进行评估，减少了陷入局部最优解的风险，同时算法本身易于实现并行化。
（3）遗传算法基本上不用搜索空间的知识或其他辅助信息，而仅用适应度函数值来评估个体，在此基础上进行遗传操作。适应度函数不仅不受连续可微的约束，而且其定义域可以任意设定。这一特点使得遗传算法的应用范围明显扩展。
（4）遗传算法不是采用确定性规则，而是采用概率的变迁规则来指导它的搜索方向。
（5）具有自组织、自适应和自学习性。遗传算法利用进化过程获得的信息自行组织搜索时，适应度大的个体具有较高的生存概率，并获得更适应环境的基因结构；
（6）采用动态自适应技术，在进化过程中自动调整算法控制参数和编码精度，如使用模糊自适应法。

7.1.2 神经网络

神经网络特有的非线性适应性信息处理能力，克服了传统人工智能方法对于直觉的缺陷，使之在神经专家系统、模式识别、智能控制、组合优化、预测等领域得到成功应用[8]。神经网络是一种运算模型，由大量的处理单元（或称神经元）广泛地相互连接而形成。每个节点代表一种特定的输出函数，称为激励函数（activation function）。每两个节点间的连接都代表一个对于通过该连接信号的加权值，称为权重，这相当于人工神经网络的记忆。网络的输出则依据网络的连接方式、权重值和激励函数决定[9-11]。而网络自身通常都是对自然界某种算法或者函数的逼近，也可能是对一种逻辑策略的表达。

1. 神经网络基本原理

人工神经元是神经网络的基本元素，其原理可以用图 7.2 表示。

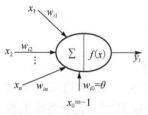

图 7.2 人工神经元模型

图 7.2 中,$x_1 \sim x_n$ 是从其他神经元传来的输入信号,w_{ij} 表示从神经元 j 到神经元 i 的连接权值,θ 表示一个阈值,或称为偏置[12]。神经元 i 的输出与输入的关系表示为

$$\text{net}_i = \sum_{j=1}^{n} w_{ij} x_j - \theta \tag{7.1}$$

$$y_i = f(\text{net}_i) \tag{7.2}$$

图中 y_i 表示神经元 i 的输出,函数 f 称为激活函数或转移函数,net 称为净激活(net activation)。若将阈值看成是神经元 i 的一个输入 x_0 的权重 w_{i0},则式(7.1)和式(7.2)可以简化为

$$\text{net}_i = \sum_{j=0}^{n} w_{ij} x_j \tag{7.3}$$

$$y_i = f(\text{net}_i) \tag{7.4}$$

若用 X 表示输入向量,用 W 表示权重向量,即

$$X = [x_0, x_1, x_2, \cdots, x_n] \tag{7.5}$$

$$W^\mathrm{T} = [w_{i0}, w_{i1}, w_{i2}, \cdots, w_{in}] \tag{7.6}$$

则神经元的输出可以表示为向量相乘的形式:

$$\text{net}_i = XW \tag{7.7}$$

$$y_i = f(\text{net}_i) = f(XW) \tag{7.8}$$

若神经元的净激活为正,称该神经元处于激活状态或兴奋状态(fire),若净激活为负,则称神经元处于抑制状态。图 7.2 中的这种"阈值加权和"的神经元模型称为 MP 模型,也称为神经网络的一个处理单元。

2. 神经网络模型

神经网络是由大量的神经元互连而构成的网络。根据网络中神经元的互连方式,常见网络结构主要可以分为以下三类。

1) 前馈神经网络

前馈神经网络也称前向网络。这种网络只在训练过程会有反馈信号,而在分类过程中数据只能向前传送,直到到达输出层,层间没有向后的反馈信号,因此称为前馈神经网络。感知机(perceptron)与 BP 神经网络就属于前馈网络。图 7.3 中是一个三层的前馈神经网络,其中第一层是输入单元,第二层称为隐含层,第三层称为输出层(输入单元不是神经元,因此图中有两层神经元)[13,14]。

对于一个三层的前馈神经网络 N，若用 X 表示网络的输入向量，$W_1 \sim W_3$ 表示网络各层的连接权向量，$f_1 \sim f_3$ 表示神经网络三层的激活函数。则神经网络的第一层神经元的输出为

$$O_1 = f_1(XW_1) \quad (7.9)$$

第二层的输出为

$$O_2 = f_2(F_1(XW_1)W_2) \quad (7.10)$$

输出层的输出为

$$O_3 = f_3(F_2(F_1(XW_1)W_2)W_3) \quad (7.11)$$

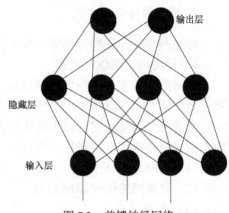

图 7.3　前馈神经网络

若激活函数 $f_1 \sim f_3$ 都选用线性函数，那么神经网络的输出 O_3 将是输入 X 的线性函数。因此，若要做高次函数的逼近就应该选用适当的非线性函数作为激活函数。

2）反馈神经网络

反馈神经网络是一种从输出到输入具有反馈连接的神经网络，其结构比前馈网络要复杂得多，如图 7.4 所示。典型的反馈神经网络有 Elman 网络和 Hopfield 网络[15]。

3）自组织神经网络

自组织神经网络是一种无导师学习网络。它通过自动寻找样本中的内在规律和本质属性，自组织、自适应地改变网络参数与结构，如图 7.5 所示。

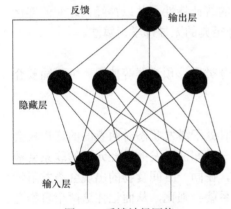

图 7.4　反馈神经网络

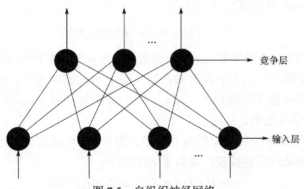

图 7.5　自组织神经网络

3. 神经网络工作方式

神经网络运作过程分为学习和工作两种状态。

1) 神经网络的学习状态

网络的学习主要是指使用学习算法来调整神经元间的连接权，使得网络输出更符合实际[16]。学习算法分为有导师学习与无导师学习两类。

有导师学习算法将一组训练集送入网络，根据网络的实际输出与期望输出间的差别来调整连接权。有导师学习算法的主要步骤如下：

（1）从样本集合中取一个样本（A_i, B_i）；

（2）计算网络的实际输出 O；

（3）求 $D=B_i O$；

（4）根据 D 调整权矩阵 W；

（5）对每个样本重复上述过程，直到对整个样本集来说，误差不超过规定范围。误差反向传播算法（error back propagation, BP 算法）就是一种出色的有导师学习算法。无导师学习抽取样本集合中蕴含的统计特性，并以神经元之间的连接权的形式存于网络中。Hebb 学习规则是一种经典的无导师学习算法。

2) 神经网络的工作状态

神经元间的连接权不变，神经网络作为分类器、预测器等使用。下面简要介绍一下 Hebb 学习规则与 Delta 学习规则。

（1）Hebb 学习规则。

Hebb 算法核心思想是：当两个神经元同时处于激发状态时两者间的连接权会被加强，否则被减弱。Hebb 的理论认为在同一时间被激发的神经元间的联系会被强化[17]。例如，铃声响时一个神经元被激发，在同一时间食物的出现会激发附近的另一个神经元，那么这两个神经元间的联系就会强化，从而记住这两个事物之间存在着联系。相反，如果两个神经元总是不能同步激发，那么它们间的联系将会越来越弱。Hebb 学习规则可表示为

$$w_{ij}(t+1) = w_{ij}(t) + ay_i(t)y_j(t) \qquad (7.12)$$

式中，w_{ij} 表示神经元 j 到神经元 i 的连接权；y_i 与 y_j 为两个神经元的输出；a 为表示学习速度的常数。若 y_i 与 y_j 同时被激活，即 y_i 与 y_j 同时为正，那么 w_{ij} 将增大。若 y_i 被激活，而 y_j 处于抑制状态，即 y_i 为正，y_j 为负，那么 w_{ij} 将变小。

（2）Delta 学习规则。

Delta 学习规则是一种简单的有导师学习算法，该算法根据神经元的实际输出与期望输出差别来调整连接权，其数学表示如下：

$$w_{ij}(t+1) = w_{ij}(t) + a(d_i - y_i)x_j(t) \qquad (7.13)$$

式中，w_{ij} 表示神经元 j 到神经元 i 的连接权；d_i 为神经元 i 的期望输出；y_i 为神经

元 i 的实际输出；x_j 表示神经元 j 的状态，若神经元 j 处于激活状态则 x_j 为 1，若处于抑制状态则 x_j 为 0 或-1（根据激活函数而定）；a 为表示学习速度的常数。假设 x_i 为 1，若 d_i 比 y_i 大，那么 w_{ij} 将增大；若 d_i 比 y_i 小，那么 w_{ij} 将变小。

Delta 规则简单讲来就是：若神经元实际输出比期望输出大，则减小所有输入为正的连接的权重，增大所有输入为负的连接的权重。反之，若神经元实际输出比期望输出小，则增大所有输入为正的连接的权重，减小所有输入为负的连接的权重。这个增大或减小的幅度就根据式（7.13）来计算。

3）BP 算法

采用 BP 算法的前馈神经网络通常称为 BP 网络。

BP 网络具有很强的非线性映射能力，一个三层 BP 神经网络能够实现对任意非线性函数进行逼近（根据 Kolrnogorov 定理）。一个典型的三层 BP 神经网络模型如图 7.6 所示。

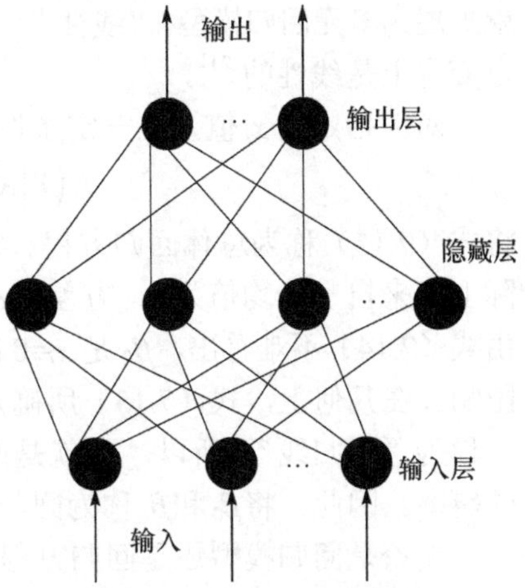

7.1.3 回归分析

回归分析是一种简化数据的技术，它可以通过统计操作来对干扰因素加以控制，从而发现自变量和因变量之间的净关系。回归分析的目的是利用变量间的简单函数关系，用自变量对因变量进行"预测"，使"预测值"尽可能地接近因变量的"观测值"。由于随机误差和其他原因，回归模型中的预测值不可能和观测值完全相同[18,19]。因此，回归的特点就在于它能把观测值分解成两部分——结构部分和随机部分，即

观测项=结构项+随机项

图 7.6 三层 BP 神经网络结构

1. 回归模型的数学表达式

一般地，一元线性回归模型可以表示为

$$y_i = \beta_0 + \beta_1 x_i + \varepsilon_i \tag{7.14}$$

式中，y_i 表示第 i 名个体在因变量 Y（也称结果变量、反应变量或内生变量）上的取值，Y 是一个随机变量；x_i 表示第 i 名个体在自变量 X（也称解释变量、先决变量或外生变量）上的取值[20]。注意，与 Y 不同，X 虽然称为变量，但它的各个取值其实是已知的，只是其取值在不同的个体之间变动。

β_0 和 β_1 是模型的参数，通常是未知的，需要根据样本数据进行估计。$\beta_0+\beta_1 x_i$ 也就是前面所讲的结构项，它反映了由 x 的变化引起的 y 的结构性变化。

ε 是随机误差项,也是随机变量,而且有均值 $E(\varepsilon)=0$、方差 $\sigma_\varepsilon^2=\sigma^2$ 和协方差 $Cov(\varepsilon_i,\varepsilon_j)=0$。注意,它就是前面所讲的随机项,代表了不能由 X 结构性解释的其他因素对 Y 的影响。

式(7.14)定义了一个简单线性回归模型。"简单"是因为该模型只包含一个自变量。但是,在社会科学研究中,导致某一社会现象的原因总是多方面的,因此在很多情况下都必须考虑多个自变量的情况,当模型纳入多个自变量时,式(7.14)就扩展为多元回归模型。"线性"一方面指模型在参数上是线性的,另一方面也指自变量上是线性的[21]。

对应指定的 x_i 值,在一定条件下,对式(7.14)求条件期望后得

$$E(Y|X=x_i)=\mu_i=\beta_0+\beta_1 x_i \qquad (7.15)$$

将式(7.15)称为总体回归方程。它表示对于每一个特定的取值 x_i,观测值 y_i 实际上都来自一个均值为 μ、方差为 σ^2 的正态分布,而回归线将穿过点 (x_i,μ_i)。由式(7.14)不难看出,β_0 是 $x_i=0$ 时的期望,而 β_1 则反映 X 的变化对 Y 的期望的影响。在几何上,式(7.15)所确定的是一条穿过 (x_i,μ_i) 的直线,这在统计学上称为"回归线"。所以,β_0 就是回归直线在 y 轴上的截距,而 β_1 则是回归直线的斜率。因此,将 β_0 和 β_1 称为回归截距和回归斜率。

无论是回归模型还是回归方程,都是针对总体而言的,是对总体特征的总结和描述。所以,参数 β_0 和 β_1 也是总体的特征。但在实际研究中往往无法得到总体的回归方程,只能通过样本数据对总体参数 β_0 和 β_1 进行估计。当利用样本统计量 b_1 和 b_0 代替总体回归方程中的 β_0 和 β_1 时,就得到估计的回归方程或经验回归方程,其形式为

$$\bar{y}=b_0+b_1 x_i \qquad (7.16)$$

同时,也可以得到观测值与估计值之差,称为残差,记作 e_i,它对应的是式(7.14)中的总体随机误差 ε_i。观测值、估计值和残差三者之间的关系可用图 7.7 加以说明。

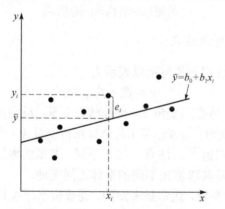

图 7.7 回归中观测值 y_i、拟合值 $\bar{y}$ 与残差 e_i 的关系

2. 多元线性回归模型的矩阵形式

多元线性回归模型适用于分析一个变量和多个自变量之间的关系。假设一个回归模型有 $p-1$ 个自变量[22]，即 $x_1, x_2, \cdots, x_{p-1}$，则该回归模型可以表示为

$$y_i = \beta_0 + \beta_1 x_{i1} + \beta_2 x_{i2} + \cdots + \beta_k x_{ik} + \cdots + \beta_{(p-1)} x_{i(p-1)} + \varepsilon_i \qquad (7.17)$$

式中，y_i 表示个体 i（$i=1, 2, \cdots, n$）在因变量 y 中的取值；β_0 为截距的总体参数；$\beta_1, \beta_2, \cdots, \beta_k, \cdots, \beta_{p-1}$ 为斜率的总体参数。由于该回归模型包含多个自变量，因此将式（7.16）称为多元回归模型，以便于与简单线性回归模型区别。

如果定义以下矩阵：

$$y_{n\times 1} = \begin{bmatrix} y_1 \\ y_2 \\ \vdots \\ y_i \\ \vdots \\ y_n \end{bmatrix}, \quad X_{n\times p} = \begin{bmatrix} 1 & x_{11} & x_{12} & \cdots & x_{1(p-1)} \\ 1 & x_{21} & x_{22} & \cdots & x_{2(p-1)} \\ \vdots & \vdots & \vdots & \vdots & \vdots \\ 1 & x_{i1} & x_{i2} & \cdots & x_{i(p-1)} \\ \vdots & x_{n1} & x_{n2} & \cdots & x_{n(p-1)} \end{bmatrix}$$

$$\beta_{p\times 1} = \begin{bmatrix} \beta_0 \\ \beta_1 \\ \vdots \\ \beta_k \\ \vdots \\ \beta_{p-1} \end{bmatrix}, \quad \varepsilon_{n\times 1} = \begin{bmatrix} \varepsilon_1 \\ \varepsilon_2 \\ \vdots \\ \varepsilon_i \\ \vdots \\ \varepsilon_n \end{bmatrix}$$

那么，采用矩阵的形式，一般线性回归模型（7.17）就可以简单地表示为

$$y_{n\times 1} = X_{n\times p} \beta_{p\times 1} + \varepsilon_{n\times 1} \qquad (7.18)$$

式（7.18）也常常简记为 $y=X\beta+\varepsilon$。这里，y 表示因变量的向量，β 表示总体参数的向量，X 表示由所有自变量和一列常数 1 所组成的矩阵，ε 则表示随机误差变量的向量。

对于回归模型的原理及其应用，需要掌握的主要内容有以下五方面：模型的表达形式、模型的基本假定、模型的估计、模型的检验以及利用回归结果进行预测。回归模型由概括项和残差项两部分组成。根据线性假定、正交假定和独立同分布假定和三个假定建立模型后，首先基于样本数据采用最小二乘估计得到模型参数的估计值，然后可以对模型的回归系数进行假设检验，从而判断自变量因变量的影响是否显著，并进一步估计和预测在自变量的特定取值下因变量的取值范围。诊断数据是必不可少的一个环节，借助残差图进行残差分析，检验回归模型本身所研究的假定条件是否得到满足，从而对回归结果的合理性做出评价。

7.1.4 多目标优化

1. 多目标优化问题的数学模型

目标优化问题一般地就是指通过一定的优化算法获得目标函数的最优化解。当优化的目标函数有两个或两个以上时称为多目标优化。不同于单目标优化的解为有限解，多目标优化的解通常是一组均衡解[23-25]。一个具有 n 个决策变量、m 个目标函数的多目标优化问题可表述为

$$\begin{aligned} &\min y = F(x) = [f_1(x), f_2(x), \cdots, f_m(x)] \\ &\text{s.t.} \quad g_i(x) \leqslant 0, \quad i = 1, 2, \cdots, q \\ &\qquad h_j(x) = 0, \quad j = 1, 2, \cdots, p \\ &\qquad x = (x_1, x_2, \cdots, x_n) \in X \subset \mathbf{R}^n \\ &\qquad y = (y_1, y_2, \cdots, y_m) \in Y \subset \mathbf{R}^m \end{aligned} \quad (7.19)$$

式中，$x = (x_1, x_2, \cdots, x_n) \in X \subset \mathbf{R}^n$ 称为决策变量；X 为 n 维的决策空间；$y = (y_1, y_2, \cdots, y_m) \in Y \subset \mathbf{R}^m$ 称为目标函数；Y 为 m 维的目标空间；目标函数 f 定义了映射函数和同时需要优化的 m 个目标；$g_i(x) \leqslant 0$ 定义了 q 个不等式约束；$h_j(x)=0$ 定义了 p 个不等式约束。在此基础上，下面给出几个重要的定义。

定义 7.1（可行解）对于 $x \in X$，如果满足约束条件 $g_i(x) \leqslant 0$（$i=1,2,\cdots, q$）和 $h_j(x)=0$（$j=1,2,\cdots, p$），则 x 称为可行解。

定义 7.2（可行解集合）由 X 中所有的可行解组成的集合称为可行解集合，记为 $X_f (X_f \subseteq X)$。

定义 7.3（pareto 占优）对于给定的两点 $x, x^* \in X_f$，x^* 是 pareto 占优（非支配）的，当且仅当式（7.20）成立时，记为 $x^* x^* \succ x$。

$$\begin{aligned} &(\forall i \in \{1, 2, \cdots, m\}: f_i(x^*) \leqslant f_i(x)) \\ &\wedge (\exists k \in \{1, 2, \cdots, m\}: f_k(x^*) \leqslant f_k(x)) \end{aligned} \quad (7.20)$$

定义 7.4（Pareto 最优解）一个解 $x^* \in X_f$ 称为 Paerto 最优解，当且仅当满足如下条件：

$$\neg \exists x \in X_f : x \succ x^* \quad (7.21)$$

Pareto 最优解也称为非劣解或者有效解。所有的最优解组成的矢量集称为非支配集。这些解除了它们都在 Pareto 最优集里，没有明显的联系。

定义 7.5（Pareto 最优解集）所有 Pareto 最优解组成的结合 P_s 称为 Pareto 最优解集，定义如下：

$$P_s = \left\{ x^* \middle| \neg \exists x \in X_f : x \succ x^* \right\} \quad (7.22)$$

定义 7.6 （Pareto 前端）Pareto 最优解集合 P_s 中的解对应的目标函数值组成的集合 P_s 称为 Pareto 前端，即

$$P_F = \left\{ F(x) = [f_1(x), f_2(x), \cdots, f_p(x)] \middle| x \in P_s \right\} \quad (7.23)$$

与单目标优化相比，多目标优化的复杂程度明显增加，它需要同时优化多个目标。这些目标往往不可比较，甚至是相互冲突的，一个目标的改善有可能引起另一个目标性能的降低。与单目标优化问题的本质区别在于，多目标优化问题的解不是唯一的，而是存在一个最优解集合，集合中的元素称为 Pareto 最优解或非支配解。所谓 Pareto 最优解，就是不存在比其中至少一个目标好而其他目标不劣的更好的解，也就是说，不可能通过优化其中部分目标而使其他目标劣化。Pareto 最优解集中的元素就所有目标而言是彼此不可比较的。由于多目标优化问题一般不存在单个最优解，所以希望求出其 Pareto 最优解集，根据 Pareto 前端的分布情况进行多目标决策。

2. 多目标优化算法

目前多目标优化主要有以下几种方法：古典的多目标优化方法、基于进化算法的多目标优化方法、基于粒子群的多目标优化方法、基于协同进化的多目标优化方法、基于人工免疫系统的多目标优化方法和基于分布估计的多目标优化方法等。

7.2 表面完整性预测模型

7.2.1 表面完整性模型的建立

通过微织构球头铣刀高速铣削钛合金正交组合试验研究，以微坑织构的直径、深度、间距以及与切削刃的距离为变量建立了表面质量多元回归模型[26]。其数学模型如下：

$$R_a = C d^{\alpha_1} h^{\alpha_2} L_1^{\alpha_3} L_2^{\alpha_4} \quad (7.24)$$

$$HV = C d^{\alpha_1} h^{\alpha_2} L_1^{\alpha_3} L_2^{\alpha_4} \quad (7.25)$$

$$\sigma = C d^{\alpha_1} h^{\alpha_2} L_1^{\alpha_3} L_2^{\alpha_4} \quad (7.26)$$

式中，R_a 为表面粗糙度；HV 为表面显微硬度；σ 为表面残余应力；d 为微坑织构的直径；h 为微坑织构的深度；L_1 为微坑间间距；L_2 为与切削刃的距离；α_1、α_2、α_3、α_4 为待定的各变量指数；C 为表面粗糙度数学模型的修正系数，其大小由刀具和工件材料等其他与工件表面质量有关的条件决定。

对式（7.24）两边同时取对数，得

$$\lg R_a = \lg C + \alpha_1 \lg d + \alpha_2 \lg h + \alpha_3 \lg L_1 + \alpha_4 \lg L_2 \qquad (7.27)$$

令 $y=\lg R_a$, $\alpha_0=\lg C$, $x_1=\lg d$, $x_2=\lg h$, $x_3=\lg L_1$, $x_4=\lg L_2$，则式（7.27）转化为线性方程：

$$y = \alpha_0 + \alpha_1 x_1 + \alpha_2 x_2 + \alpha_3 x_3 + \alpha_4 x_4 \qquad (7.28)$$

根据式（7.28）及正交试验所得的数据，利用最小二乘法原理建立多元线性回归方程如下：

$$\begin{cases} y_1 = \alpha_0 + \alpha_1 x_{11} + \alpha_2 x_{12} + \alpha_3 x_{13} + \alpha_4 x_{14} + \varepsilon_1 \\ y_2 = \alpha_0 + \alpha_1 x_{21} + \alpha_2 x_{22} + \alpha_3 x_{23} + \alpha_4 x_{24} + \varepsilon_2 \\ \vdots \\ y_{16} = \alpha_0 + \alpha_1 x_{161} + \alpha_2 x_{162} + \alpha_3 x_{163} + \alpha_4 x_{164} + \varepsilon_{16} \end{cases} \qquad (7.29)$$

式中，ε_i 为表面粗糙度试验随机变量误差。式（7.29）用矩阵形式表示为

$$Y = X\alpha + \varepsilon \qquad (7.30)$$

其中

$$Y = \begin{bmatrix} y_1 \\ y_2 \\ \vdots \\ y_{16} \end{bmatrix}, \quad X = \begin{bmatrix} 1 & x_{11} & x_{12} & x_{13} & x_{14} \\ 1 & x_{21} & x_{22} & x_{23} & x_{24} \\ \vdots & \vdots & \vdots & \vdots & \vdots \\ 1 & x_{161} & x_{162} & x_{163} & x_{164} \end{bmatrix}, \quad \alpha = \begin{bmatrix} \alpha_0 \\ \alpha_1 \\ \vdots \\ \alpha_4 \end{bmatrix}, \quad \varepsilon = \begin{bmatrix} \varepsilon_1 \\ \varepsilon_2 \\ \vdots \\ \varepsilon_{16} \end{bmatrix}$$

通过式（7.30），可以得到回归方程的通用表达式为

$$y = b_0 + b_1 x_1 + b_2 x_2 + b_3 x_3 + b_4 x_4 \qquad (7.31)$$

式中，b_1、b_2、b_3、b_4 为回归方程的回归系数。

最小二乘法为当试验次数 n 大于回归系数 b_j 的个数，即 $n>m+1$，方程组有最小二乘解[27]。设线性回归方程中回归参数 $b=(b_0, b_1, b_2, b_3, b_4)^T$ 的最小二乘估计为 $\beta=(\beta_0, \beta_1, \beta_2, \beta_3, \beta_4)^T$，最终得到的回归方程为

$$\hat{y} = \beta_0 + \beta_1 x_{i1} + \beta_2 x_{i2} + \beta_3 x_{i3} + \beta_4 x_{i4} \qquad (7.32)$$

式（7.32）中方程左边的 $\hat{y}$ 即为表面质量指标观测值对应的回归值，β_0、β_1、β_2、β_3、β_4 为回归系数，采用最小二乘法对回归方程进行移项整理，从而可得多元线性方程组参数的最小二乘估计矩阵为

$$Ab = B \quad 或 \quad (X^T X)b = X^T Y \qquad (7.33)$$
$$B = (X^T X) X^T Y \qquad (7.34)$$

式（7.34）为多元线性模型的最小二乘估计，也是回归方程的系数解，但因试验组数较多，进行数据处理也是相当烦琐和庞大的[28]。为了迅速地对数据进行

处理从而得到表面质量模型，这里有必要借助软件来实现，使用 Excel 软件对试验数据进行多元线性回归处理，进而得到了微织构球头铣刀铣削钛合金的表面质量预测模型：

$$R_\mathrm{a}=10^{1.0318}d^{0.3511}h^{0.1937}L_1^{0.2394}L_2^{0.0885} \tag{7.35}$$

$$\mathrm{HV}=10^{4.4943}d^{0.2430}h^{0.2047}L_1^{0.1103}L_2^{0.4606} \tag{7.36}$$

$$\sigma=10^{2.1879}d^{0.1265}h^{0.0180}L_1^{0.0230}L_2^{0.2111} \tag{7.37}$$

7.2.2 回归模型的显著性检验

1. 表面粗糙度预测模型显著性检验

式（7.35）虽然已经建立了表面粗糙度预测模型，但是为了保证模型的可靠性，使自变量和因变量之间呈线性关系，所以在得出回归模型之后要对模型进行显著性检验。表 7.1 为进行方差分析后得到的表面粗糙度 R_a 的方差分析表。

表 7.1　R_a 方差分析表

方差来源	平方和 SS	自由度 df	均方 MS	统计量 f	P 值
因素 R_a	0.0354	4	0.0089	3.68	0.0388
残差	0.0265	11	0.0024	—	—
总计	0.0619	15	—	—	—

表 7.1 列出了平方和、均方、自由度、临界显著水平 P 值以及方差分析的统计量 f。利用这些数据对表面粗糙度预测模型进行显著性检验。对于给定的显著性水平 α 为 0.05，因素 $m=4$，试验次数 $n=16$，统计量 $f(m,n-m+1)=f_{0.95}(4,11)=3.68>3.36$，并且 P 值小于给定的显著性水平 α，可以得出微织构球头铣刀铣削钛合金表面粗糙度预测模型是显著的[29]。图 7.8 为表面粗糙度预测值与试验值的对比，总体来说相对误差范围在 15%以内，验证了模型的可靠性。

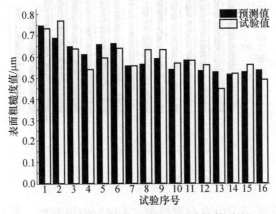

图 7.8　表面粗糙度预测值与试验值的对比

2. 表面加工硬化预测模型显著性检验

为了保证表面加工硬化预测模型（7.35）的可靠性，使目标值和参数值呈线性关系，需要对回归方程进行显著性检验，考察所有自变量对因变量的影响是否显著，即用来判断微织构球头铣刀铣削钛合金表面加工硬化预测模型是否能与实际试验数据有良好的拟合效果。利用 Excel 数据分析中的回归分析功能对正交试验数据进行回归分析。表 7.2 为进行方差分析后得到的表面加工硬化的方差分析表。

表 7.2　HV 方差分析表

方差来源	平方和 SS	自由度 df	均方 MS	统计量 f	P 值
因素 HV	0.025944	4	0.006486	6.458596	0.006304926
残差	0.011046	11	0.001004		
总计	0.03699	15			

表 7.2 列出了方差分析的统计量 f、临界显著水平 P 值以及总体自由度等数据，利用这些数据对表面加工硬化预测模型进行显著性检验。试验次数 $n=16$，自变量个数 $m=4$，这里取检验的显著水平为 0.05。首先，P 值小于选定的显著水平 0.05；其次，查表可得 $f(m, n-m+1)=f_{0.95}(4, 11)=6.46>3.36$，该值大于统计量 f，基于以上两点可知目标值和参数值线性关系良好，可以得出微织构球头铣刀铣削钛合金表面加工硬化预测模型是显著的。图 7.9 为表面加工硬化预测值与试验值的对比，总体来说相对误差范围在 15% 以内，验证了模型的可靠性。

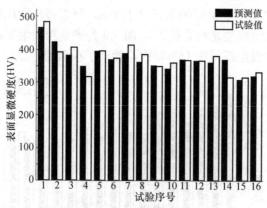

图 7.9　表面加工硬化预测值与试验值的对比

3. 表面残余应力预测模型显著性检验

同样，为了保证切削温度预测模型（4.14）的可靠性，使目标值和参数值呈线性关系，需要对回归方程进行显著性检验，考察所有自变量对因变量的影响是否显著，即用来判断微织构球头铣刀铣削钛合金表面残余应力预测模型是否能与实际试验数据有良好的拟合效果。利用 Excel 数据分析中的回归分析功能对正交试验数据进行回归分析。表 7.3 为进行方差分析后得到的表面残余应力的方差分析表。

表 7.3 σ 方差分析表

方差来源	平方和 SS	自由度 df	均方 MS	统计量 f	P 值
因素 σ	0.004874	4	0.001218	3.527269	0.043689
残差	0.0038	11	0.000345	—	—
总计	0.008673	15	—	—	—

表 7.3 列出了方差分析的统计量 f、临界显著水平 P 值以及总体自由度等数据，利用这些数据对表面残余应力预测模型进行显著性检验。试验次数 n=16，自变量个数 m=4，这里取检验的显著水平为 0.05。首先，P 值小于选定的显著水平 0.05；其次，查表可得 $f(m, n-m+1)=f_{0.95}(4, 11)=3.53>3.36$，该值大于统计量 f，基于以上两点可知目标值和参数值线性关系良好，可以得出微织构球头铣刀铣削钛合金表面残余应力预测模型是显著的。图 7.10 为表面残余应力预测值与试验值的对比，总体来说相对误差范围在 10%以内，验证了模型的可靠性。

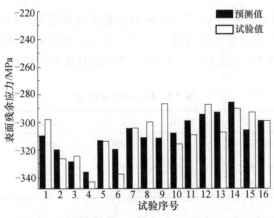

图 7.10　表面残余应力预测值与试验值的对比

7.3　微织构刀具磨损预测模型

7.3.1　刀具磨损模型的建立

通过微织构球头铣刀高速铣削钛合金正交组合试验研究，以微坑织构的直径、深度、间距以及与切削刃的距离为变量建立了刀具磨损多元回归模型[30]。其数学模型如下：

$$KT = Cd^{\alpha_1}h^{\alpha_2}L_1^{\alpha_3}L_2^{\alpha_4} \qquad (7.38)$$

$$VB_{max} = Cd^{\alpha_1}h^{\alpha_2}L_1^{\alpha_3}L_2^{\alpha_4} \qquad (7.39)$$

式中，KT 为刀具前刀面磨损值；VB_{max} 为刀具后刀面磨损值；d 为微坑织构的直径；h 为微坑织构的深度；L_1 为微坑间间距；L_2 为与切削刃的距离；α_1、α_2、α_3、α_4 为待定的各变量指数；C 为刀具磨损数学模型的修正系数，其大小由刀具和工件材料等其他与刀具磨损有关的条件决定。

采用相同的分析方法，根据式（7.27）～式（7.34），使用 Excel 软件对试验数据进行多元线性回归处理，进而得到微织构球头铣刀铣削钛合金的刀具磨损预测模型：

$$KT = 10^{3.8618}d^{0.2769}h^{0.1986}L_1^{0.3251}L_2^{0.1685} \qquad (7.40)$$

$$VB_{max} = 10^{4.1093}d^{0.2237}h^{0.2165}L_1^{0.2653}L_2^{0.1397} \qquad (7.41)$$

7.3.2 回归模型的显著性检验

1. 刀具前刀面磨损预测模型显著性检验

式（7.40）虽然已经建立了刀具前刀面磨损预测模型，但为了保证模型的可靠性，使自变量和因变量之间呈线性关系，所以在得出回归模型之后要对模型进行显著性检验。表 7.4 为进行方差分析后得到的刀具 KT 的方差分析表。

表 7.4 KT 方差分析表

方差来源	平方和 SS	自由度 df	均方 MS	统计量 f	P 值
因素 KT	0.0481	4	0.0093	3.72	0.0314
残差	0.0351	11	0.0031	—	—
总计	0.0832	15	—	—	—

表 7.4 列出了平方和、均方、自由度、临界显著水平 P 值以及方差分析的统计量 f，同时利用这些数据对刀具磨损预测模型进行显著性检验。对于给定的显著性水平 α 为 0.05，因素 $m=4$，试验次数 $n=16$，统计量 $f(m, n-m+1)=f_{0.95}(4, 11)=3.72>3.36$，并且 P 值小于给定的显著性水平 α，可以得出微织构球头铣刀铣削钛合金刀具磨损预测模型是显著的。图 7.11 为刀具前刀面磨损预测值与试验值的对比，总体来说相对误差范围在 10% 以内，验证了模型的可靠性。

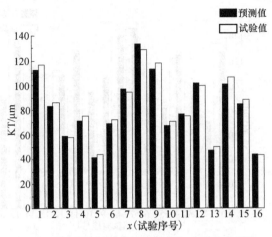

图 7.11　刀具前刀面磨损预测值与试验值的对比

2. 刀具后刀面磨损预测模型显著性检验

为了保证刀具后刀面磨损预测模型的可靠性，使目标值和参数值呈线性关系，需要对回归方程进行显著性检验，考察所有自变量对因变量的影响是否显著，即用来判断微织构球头铣刀铣削钛合金刀具后刀面磨损预测模型是否能与实际试验数据有良好的拟合效果。利用 Excel 数据分析中的回归分析功能对正交试验数据进行回归分析，表 7.5 为进行方差分析后得到的刀具后刀面磨损的方差分析表。

表 7.5　VB_{max} 方差分析表

方差来源	平方和 SS	自由度 df	均方 MS	统计量 f	P 值
因素 VB_{max}	0.03612	4	0.005714	6.236136	0.008913256
残差	0.01424	11	0.001428	—	—
总计	0.05036	15	—		

表 7.5 列出了方差分析的统计量 f、临界显著水平 P 值以及总体自由度等数据，利用这些数据对刀具后刀面磨损预测模型进行显著性检验。试验次数 $n=16$，自变量个数 $m=4$，这里取检验的显著水平为 0.05。首先，P 值小于选定的显著水平 0.05；其次，查表可得 $f(m, n-m+1)=f_{0.95}(4, 11)=6.24>3.36$，该值大于统计量 f，基于以上两点可知目标值和参数值线性关系良好，可以得出微织构球头铣刀铣削钛合金刀具后刀面磨损预测模型是显著的。图 7.12 为刀具后刀面磨损预测值与试验值的对比，总体来说相对误差范围在 10% 以内，验证了模型的可靠性。

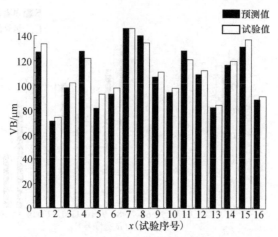

图 7.12 刀具后刀面磨损预测值与试验值的对比

7.4 微织构刀具参数优化

本节通过多目标优化的方法，建立了以微织构参数为设计变量，以加工表面粗糙度、表面残余应力、表面显微硬度、刀具磨损为目标函数的多目标优化模型，以期优化出合理的微织构参数达到在保证加工质量的基础上延长刀具寿命[31]，并对优化结果进行试验验证，证明优化结果的可靠性。

7.4.1 设计变量

本章关于钛合金侧铣加工工艺的多目标优化中，铣削方式已经确定并且假定刀具已选定、铣削参数已定、工序已通过审核确定，那么设计变量只有微织构参数，即设计变量由微坑直径 D、微坑深度 H、微坑与切削刃距离 L_1、微坑间距 L_2 组成，它们对目标函数的取值有着决定性的影响。设计变量 X 的组成为

$$X=[L_1,L_2,D,H]^T \tag{7.42}$$

式中，D 为微坑直径；H 为微坑深度；L_1 为微坑与切削刃距离；L_2 为微坑间距。

为了方便目标函数的建立，设 $x_1=D$，$x_2=H$，$x_3=L_1$，$x_4=L_2$，则式（7.42）可表示为

$$X=[x_1,x_2,x_3,x_4]^T \tag{7.43}$$

7.4.2 目标函数

在钛合金的铣削加工中，为了能在保证加工质量的基础上，降低加工成本，需要对微织构的参数进行优化。优化微织构的过程必须保证加工表面质量、刀具磨损程度两者间保持一定的平衡[32,33]。因此，本节所选的目标函数主要有两个，

分别为刀具磨损量最小、工件已加工表面质量最优。

1. 刀具磨损量最小

本节研究刀具磨损量的评价指标主要包括刀具前刀面磨损值 KT 和刀具后刀面磨损值 VB_{max}。前面已经得到相应的数学模型，如式（7.40）、式（7.41）所示。

在铣削相同行程后，不同织构参数铣刀刀具磨损值不同，刀具的磨损值越小，证明对应的织构参数越合理。因此，必须保证 KT 值和 VB_{max} 值越小越好。

2. 已加工表面质量最优

本节研究加工表面质量的评价指标主要包括表面粗糙度 Ra、表面显微硬度 HV 和表面残余应力 σ。前面已经得到相应的数学模型，如式（7.35）、式（7.36）、式（7.37）所示。

假定所加工的钛合金零件为薄壁件，为了防止因残余应力导致其变形，要求表面残余压应力越大越好，因为压应力为负，所以要求残余应力的绝对值越小越好。综上所述，为了保证已加工表面具有较好的表面质量，必须保证表面粗糙度尽量小，表面纤维硬度越小越好，残余压应力的绝对值越小越好。

联立式（7.35）～式（7.37）和式（7.40）、式（7.41），并设 $KT=f_1(x)$，$VB_{max}=f_2(x)$，$R_a=f_3(x)$，$HV=f_4(x)$，$|\sigma|=f_5(x)$，可得

$$KT=f_1(x)=10^{3.8618}x_1^{0.2769}x_2^{0.1986}x_3^{0.3251}x_4^{0.1685} \tag{7.44}$$

$$VB_{max}=f_2(x)=10^{4.1093}x_1^{0.2237}x_2^{0.2165}x_3^{0.2653}x_4^{0.1397} \tag{7.45}$$

$$R_a=f_3(x)=10^{1.0318}x_1^{0.3511}x_2^{0.1937}x_3^{0.2394}x_4^{0.0885} \tag{7.46}$$

$$HV=f_4(x)=10^{4.4943}x_1^{0.2430}x_2^{0.2047}x_3^{0.1103}x_4^{0.4606} \tag{7.47}$$

$$|\sigma|=f_5(x)=10^{2.1879}x_1^{0.1265}x_2^{0.0180}x_3^{0.0230}x_4^{0.2111} \tag{7.48}$$

综上所述，通过以上分析可得以织构参数为自变量的五组目标函数。

7.4.3 微织构参数多目标优化结果

在整个多目标遗传算法范畴中，非劣排序遗传算法（Non dominated sorting genetic algorithm Ⅱ，NSGA Ⅱ）具有精英策略、计算要求不高、无参数共享技术、计算求得的 Pareto 最优前端分布比较均匀等一系列优点，比较适合切削参数的优化，所以本节采用求解的算法为 NSGA Ⅱ。

在金属材料切削加工过程中，通过优化微织构参数来降低加工成本、延长刀具使用寿命、提高切削效率。目标函数为

$$f(x)=\min[f_1(x),\ f_2(x),\ f_3(x),\ f_4(x),\ f_5(x),] \tag{7.49}$$
$$X=[x_1,\ x_2,\ x_3,\ x_4]^T$$

s.t. $x \in s = \{g_i(x) \leqslant 0, i=1,2,3,4,5\}$

整个优化种群大小为 1000,进化代数为 50,在目标函数 II 中包含五个子目标,所以将其组合得到 Pareto 前沿的结果如图 7.13 所示。

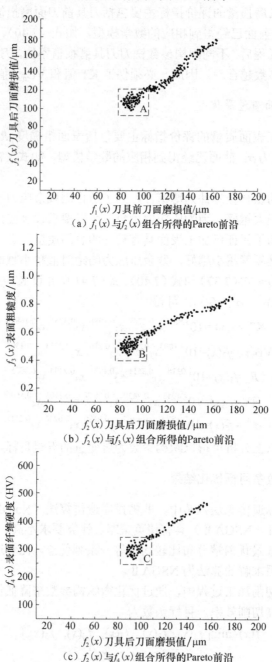

(a) $f_1(x)$ 与 $f_2(x)$ 组合所得的 Pareto 前沿

(b) $f_2(x)$ 与 $f_3(x)$ 组合所得的 Pareto 前沿

(c) $f_2(x)$ 与 $f_4(x)$ 组合所得的 Pareto 前沿

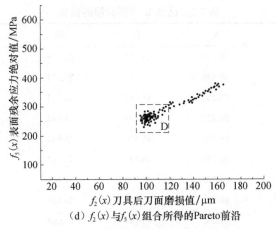

(d) $f_2(x)$ 与 $f_5(x)$ 组合所得的 Pareto 前沿

图 7.13　目标函数优化所得的 Pareto 前沿

在图 7.13（a）、（b）、（c）、（d）中，区域 A、B、C、D 中的解为各个函数组合的 Pareto 期望解集，如表 7.6～表 7.9 所示。

表 7.6　区域 A 中部分解的信息

编号	X_1	X_2	X_3	X_4	$f_1(x)$	$f_2(x)$
1	111.449	87.134	47.217	25.950	85.130	97.323
2	110.865	85.158	49.352	23.350	83.950	97.395
3	109.094	88.271	49.262	23.548	85.084	96.390
4	111.369	86.400	46.353	25.697	83.178	97.755
5	109.632	87.564	49.438	25.222	84.826	95.912
6	109.668	88.965	47.019	25.128	85.970	95.979
7	110.662	88.320	49.068	24.237	84.650	96.813
8	110.071	85.119	48.085	24.598	83.104	95.819
9	111.130	85.261	47.764	24.609	85.494	95.394
10	109.541	87.918	46.133	25.585	83.481	96.340
11	109.428	87.208	47.449	23.488	84.059	95.959
12	109.814	87.186	48.041	25.922	84.632	95.747
13	110.528	85.674	48.239	23.462	84.069	95.108
14	111.531	85.798	46.721	25.356	85.280	95.429
15	110.248	85.348	47.486	23.977	85.708	96.252

表7.7 区域 B 中部分解的信息

编号	X_1	X_2	X_3	X_4	$f_2(x)$	$f_3(x)$
1	100.705	88.373	47.378	25.535	96.235	0.396
2	111.030	88.488	46.738	23.534	95.097	0.410
3	109.419	88.201	46.601	24.974	97.345	0.400
4	111.739	86.225	48.223	24.683	96.445	0.403
5	110.255	86.105	46.370	25.994	96.558	0.385
6	111.228	85.738	46.845	23.987	97.187	0.400
7	111.549	86.708	46.025	25.303	96.079	0.389
8	111.643	88.833	47.979	24.116	95.806	0.387
9	110.197	87.092	49.487	25.084	97.615	0.401
10	111.016	87.500	48.422	23.266	96.861	0.406
11	109.393	88.874	47.296	23.632	97.810	0.404
12	110.367	85.143	49.178	25.876	96.979	0.381
13	111.603	88.940	48.156	23.436	97.826	0.387
14	110.494	85.266	46.269	24.424	97.637	0.391
15	111.591	86.857	48.396	24.964	95.954	0.402

表7.8 区域 C 中部分解的信息

编号	X_1	X_2	X_3	X_4	$f_2(x)$	$f_4(x)$
1	102.741	89.978	50.167	25.295	96.275	263.584
2	111.098	85.699	48.870	25.062	97.621	262.649
3	110.058	87.487	49.622	25.993	95.438	264.619
4	110.714	86.692	49.755	25.384	96.216	260.785
5	111.306	88.936	47.882	23.915	97.203	263.268
6	111.473	87.082	46.025	24.954	95.717	261.319
7	110.541	86.948	49.924	24.428	97.250	263.707
8	110.885	88.131	49.847	23.547	95.635	263.299
9	110.843	86.912	46.292	23.044	96.476	263.993
10	110.779	87.519	48.933	24.428	97.287	263.966
11	110.983	86.570	48.891	23.217	97.110	264.360
12	109.629	85.090	46.445	24.391	95.674	263.734
13	109.905	87.248	46.596	23.095	97.715	263.646
14	109.690	88.585	47.778	23.494	97.418	264.071
15	110.231	86.880	48.209	25.133	96.828	260.461

表 7.9 区域 D 中部分解的信息

编号	X_1	X_2	X_3	X_4	$f_2(x)$	$f_5(x)$
1	101.151	86.667	47.877	26.320	99.165	245.360
2	111.776	86.339	49.353	24.125	99.537	247.084
3	110.862	86.231	48.389	23.991	98.778	247.687
4	110.273	85.060	48.233	23.472	98.561	247.504
5	111.592	88.390	47.507	23.732	97.167	248.881
6	110.753	85.266	48.409	25.607	98.852	244.944
7	111.788	87.683	49.715	23.225	99.690	248.761
8	109.731	86.521	47.474	25.639	99.322	247.319
9	110.731	88.436	47.616	23.672	97.172	243.937
10	111.052	86.164	47.068	23.116	98.874	245.388
11	109.717	86.728	48.217	24.335	98.807	248.612
12	111.204	85.097	46.053	25.940	98.615	243.155
13	111.559	87.387	47.949	25.284	99.679	246.515
14	109.601	87.756	47.870	24.491	97.170	245.664
15	111.471	88.548	48.619	25.873	99.539	245.814

为了平衡刀具磨损、工件表面质量的关系，选择区域 A、B、C、D 中解集的交集作为最优的 Pareto 期望解集，如表 7.10 所示。

表 7.10 目标函数最优 Pareto 期望解集

编号	X_1	X_2	X_3	X_4	$f_1(x)$	$f_2(x)$	$f_3(x)$	$f_4(x)$	$f_5(x)$
1	110.269	86.931	47.608	26.000	83.766	97.496	0.384	260.732	243.871
2	110.473	86.363	47.404	25.050	83.899	97.212	0.384	260.883	243.161
3	110.599	86.646	47.538	25.471	83.770	97.420	0.385	260.091	243.808
4	110.554	86.731	47.688	25.954	83.932	97.474	0.385	260.334	243.301
5	110.582	86.332	47.107	25.513	83.470	97.132	0.383	260.597	243.167
6	110.185	86.560	47.819	25.686	83.626	97.866	0.380	260.732	243.072
7	110.436	86.910	47.127	25.654	83.992	97.657	0.381	260.528	243.075
8	110.235	86.838	47.578	25.738	83.987	97.569	0.380	260.459	243.499

7.4.4 优化结果的试验验证

1. 试验方案

为了验证多目标优化结果的可信度,本章选择多目函数最优 Pareto 期望解集中第五组微织构参数的优化结果作为试验方案进行钛合金侧铣加工试验,试验方案如表 7.11 所示。试验刀具和试验工件材料均与第 5 章中试验所用刀具及工件材料相同。

表 7.11 试验参数

编号	微织构间距 $L_1/\mu m$	微织构与切削刃距离 $L_2/\mu m$	微织构直径 $D/\mu m$	微织构深度 $H/\mu m$
1	110.582	86.332	47.107	25.513

2. 优化结果的验证

本试验的意义是保证单个零件在钛合金侧铣加工条件下加工成本最低,即在此试验参数下,刀具的磨损值最低和材料以加工表面质量最优的组合效果最优。利用试验参数加工所得刀具磨损值与试验优化所得刀具磨损值如表 7.12 所示。因为试验过程对刀具磨损的影响因素比较复杂,本章采用三次测量求平均值的办法对其进行试验验证。由表 7.12 可知,重复三次刀具磨损试验测得刀具前后刀面磨损的平均值分别为 84μm、98μm,与优化所得刀具前后刀面磨损的 83.5μm、97μm 基本吻合。用相同的方法验证材料表面粗糙度、表面显微硬度和表面残余应力,如表 7.13 所示,得出优化结果与仿真结果基本吻合。所以,优化所得期望解集可靠性较高。

表 7.12 刀具磨损的试验验证结果

编号	L_1	L_2	D	H	试验测得刀具磨损		优化所得刀具磨损	
					KT	VB_{max}	KT	VB_{max}
1	110.582	86.332	47.107	25.513	82.4	97.4	83.470	97.132
2	110.582	86.332	47.107	25.513	84.5	98	83.470	97.132
3	110.582	86.332	47.107	25.513	84.9	98.5	83.470	97.132

表 7.13 工件表面质量的试验验证结果

编号	表面粗糙度 R_a		表面纤维硬度 HV		表面残余应力 σ	
	优化值	试验值	优化值	试验值	优化值	试验值
1	0.383	0.391	260.597	261.4	243.167	243.8
2	0.383	0.384	260.597	260.8	243.167	242.6
3	0.383	0.396	260.597	261.1	243.167	243.9
平均值	0.383	0.39	260.597	261.1	243.167	243.4

综上所述，本章根据微织构的置入对刀具的切削加工性能的影响，建立了以微织构参数为设计变量，以刀具前、后刀面磨损、已加工表面粗糙度、表面纤维硬度、表面残余应力为目标函数的多目标优化模型，实现了对微织构参数的优化。优化结果与试验结果基本吻合，证明了优化结果具有非常高的可信度。

7.5 本章小结

本章在第3~5章中对钛合金铣削刀具磨损及表面完整研究试验数据的基础上，运用多目标优化的方法，优化出适合目标函数要求的钛合金铣削加工微织构参数，将本章的理论研究与加工实践相结合，为钛合金的实际加工生产提供了最优的织构参数支持。主要结论如下：

（1）明确了优化刀具介观几何特征需要用到的各种优化算法。

（2）设计了约束条件，建立了以织构参数为设计变量，以刀具磨损最低、工件表面质量最优为目标函数的多目标优化模型。

（3）对优化结果进行了试验验证，发现优化结果和试验结果误差在5%以内，由此可见，优化结果具有很高的可靠性。

（4）通过多目标优化的方法，将本章的切削理论研究与实际加工生产相结合，为实际加工生产提供了最优织构参数。

参 考 文 献

[1] Goldberg D E. Genetic Algorithms in Search, Optimization and Machine Learning. Boston: Addison-Wesley, 1989.

[2] 胡守仁. 神经网络导论. 长沙：国防科技大学出版社, 1993.

[3] Grefenstette J J. Optimization of control parameters for genetic algorithms. IEEE Transactions on Systems Man & Cybernetics, 2007, 16(1):122-128.

[4] Chang W A, Oh S, Ramakrishna R S. On the practical genetic algorithms. Genetic and Evolutionary Computation Conference, 2005:1583-1584.

[5] Deb K. Optimal design of a welded beam via genetic algorithms. AIAA Journal, 2012, 29(11):2013-2015.

[6] Gomes H M, Awruch A M, Lopes P A M. Reliability based optimization of laminated composite structures using genetic algorithms and artificial neural networks. Structural Safety, 2011, 33(3):186-195.

[7] Delabie C, Villegas M, Picon O. Creation of new shapes for resonant microstrip structures by means of genetic algorithms. Electronics Letters, 2012, 33(18):1509-1510.

[8] Jha R, Sen P K, Chakraborti N. Multi-objective genetic algorithms and genetic programming models for minimizing input carbon rates in a blast furnace compared with a conventional analytic approach. Steel Research International, 2014, 85(2):219-232.

[9] Kothari S C, Oh H. Neural networks for pattern recognition. Agricultural Engineering International the CIGR Journal of Scientific Research & Development Manuscript, 2001, 12(5): 1235-1242.

[10] Haykin S. Neural Networks: A Comprehensive Foundation. 3rd ed. Upper Saddle River: Prentice-Hall Inc., 2007.

[11] Geman S, Bienenstock E. Neural Networks and the Bias/Variance Dilemma. Cambridgeshire: Massachusetts Institute of Technology Press, 1992.

[12] Hinton G E, Srivastava N, Krizhevsky A, et al. Improving neural networks by preventing co-adaptation of feature detectors. Computer Science, 2012, 3(4):212-223.

[13] Silver D, Huang A, Maddison C J, et al. Mastering the game of go with deep neural networks and tree search. Nature, 2016, 529(7587):484.

[14] Schmidhuber J. Deep Learning in Neural Networks. Amsterdam: Elsevier Science Ltd., 2015.

[15] Vedaldi A, Lenc K. MatConvNet: convolutional neural networks for MATLAB. ACM International Conference on Multimedia, 2015:689-692.

[16] 周开利, 康耀红. 神经网络模型及其 MATLAB 仿真程序设计. 北京: 清华大学出版社, 2005.

[17] 于兰峰, 关立文, 黄洪钟. 基于神经网络的多目标优化模型的模糊解法. 中国机械工程, 2001, 12(z1):131-133.

[18] Chatterjee S, Hadi A S. Regression Analysis by Example. 5th ed. Hoboken: John Wiley & Sons, 2012.

[19] Draper N R, Smith H. Applied regression analysis. Biometrics, 2014, 17(1): 83.

[20] Bates D M, Watts D G. Nonlinear Regression Analysis and Its Applications. Hoboken: John Wiley & Sons Inc, 1988.

[21] Walker E. Applied regression analysis and other multivariable methods. Journal of the American Statistical Association, 1989, 74(1):117-118.

[22] 田欣利, 佘安英. 基于回归分析方法的铣削表面粗糙度预测模型的建立. 制造技术与机床, 2008, (11):101-104.

[23] Hsiao S W, Tsai H C. Applying a hybrid approach based on fuzzy neural network and genetic algorithm to product form design. International Journal of Industrial Ergonomics, 2005, 35(5):411-428.

[24] Hsiao S W, Chiu F Y, Lu S H. Product-form design model based on genetic algorithms. International Journal of Industrial Ergonomics, 2010, 40(3):237-246.

[25] 申远, 金一, 褚彪, 等. 基于遗传算法的锻压机床多目标优化设计方法. 中国机械工程, 2012, 23(3):43-46.

[26] 杨树财, 王焕焱, 张玉华, 等. 多目标决策的微织构球头铣刀切削性能评价. 哈尔滨理工大学学报, 2016, 21(6):1-5.

[27] Tanaka H, Uejima S, Asai K. Linear regression analysis with fuzzy model. IEEE Transactions on Systems Man & Cybernetics, 2007, 12(6):903-907.

[28] 陈果, 周伽. 小样本数据的支持向量机回归模型参数及预测区间研究. 计量学报, 2008, 29(1):92-96.

[29] 杨睿, 李顺才, 袁冠雷, 等. 车削温度多元回归模型的试验研究. 实验技术与管理, 2016, 33(8):59-62.

[30] You H Y, Yang S C, Yue C X, et al. Application and technology research in deep-hole drilling system. Materials Science Forum, 2014:506-510.

[31] Deb K, Kalyanmoy D. Multi-Objective optimization using evolutionary algorithms. Computational Optimization & Applications, 2001, 39(1):75-96.

[32] Konak A, Coit D W, Smith A E. Multi-objective optimization using genetic algorithms: A tutorial. Reliability Engineering & System Safety, 2006, 91(9):992-1007.

[33] 李聪波, 朱岩涛, 李丽, 等. 面向能量效率的数控铣削加工参数多目标优化模型. 机械工程学报, 2016, 52(21):120-129.